越放下越自在

孙郡锴 编著

中国華僑出版社
·北京·

图书在版编目（CIP）数据

越放下越自在 / 孙郡锴编著 .—北京：中国华侨出版社，2007.2（2024.2 重印）

ISBN 978 –7 –80222 –535 –0

Ⅰ. 越… Ⅱ. 孙… Ⅲ. 人生哲学 – 通俗读物 Ⅳ. B821–49

中国版本图书馆 CIP 数据核字（2007）第 202736 号

越放下越自在

编　　著：孙郡锴
责任编辑：高文喆
封面设计：朱晓艳
经　　销：新华书店
开　　本：710 mm × 1000 mm　1/16 开　　印张：14　　字数：185 千字
印　　刷：三河市富华印刷包装有限公司
版　　次：2007 年 2 月第 1 版
印　　次：2024 年 2 月第 2 次印刷
书　　号：ISBN 978–7–80222–535–0
定　　价：49.80 元

中国华侨出版社　北京市朝阳区西坝河东里 77 号楼底商 5 号　邮编：100028
发 行 部：（010）64443051　　传　　真：（010）64439708
网　　址：www.oveaschin.com　　E–mail：oveaschin@sina.com

前言

在非洲，土人用一种奇特的狩猎方法捕捉狒狒：在一个固定的小木盒子里面，装上狒狒爱吃的坚果，盒子上开一个小口子，刚好够狒狒的前爪伸进去，狒狒一旦抓住坚果爪子就伸不出来了，人们常常用这种方法捉狒狒。因为狒狒有一种习性，不肯放下已经到手的东西。人们总会嘲笑狒狒的愚蠢：为什么不松开爪子放下坚果逃命？但是，审视一下我们自己，也许就会发现，并不是只有狒狒才会犯这样的错误。

因为放不下手中的职务、待遇，有些人整天东奔西跑，荒废了正当的工作；因为放不下诱人的钱财，有人费尽心思，结果常常是作茧自缚；因为放不下对权力的占有欲，有些人热衷于溜须拍马、行贿受贿，不惜丢掉人格的尊严，一旦事情败露，后悔莫及……

生命如舟，生命之舟载不动太多的物欲和虚荣，要想使之在抵达彼岸时不在中途搁浅或沉没，就必须轻载，只取需要的东西，把那些应该放下的“坚果”果断地放下。

放下是一种感悟，更是一种心灵的自由。“越放下，越自在”是一种顿悟之后的豁然开朗；一种重负顿释后的轻松如意；一种云开雾散后的阳光灿烂。还需要你心无挂碍，什么都看得开、放得下。需要你懂得珍惜现在，多些成熟，少些烦恼；多点深思熟虑，少点后悔遗憾。需要你在人生的追求中能多一份淡泊，少一份名利；多一份真情，少一份世俗。需要你抛弃一些尘世的烦扰，留一份开阔的天空给心灵安个家。

其实生活中原本是有许多快乐的，只是自己常常自生烦恼，“空添许多愁”。自己在努力地追逐着快乐，却又总放不下心中的累赘，把不该看重的事情看得太重，总想放下些什么，却总也放不下。每日在尘世穿梭忙碌，每天忙着经营自己的世界，对工作、生活、朋友、亲人……的期望值不断升高，可是到头来却什么也没有改变，什么也没有得到，想想，自己是多么的幼稚与浅薄。

放下就是要看得开，放得下。若总是把不如意的事记在心里，只会让自己更加地不开心。对一些不快乐的事情应坦然面对，波澜不惊；对工作生活中的琐事，要该放手的就放手；对一些恩怨情仇，不再纠缠，不再为自己增加无谓的烦恼……

放下，是一种生活的智慧。

放下，是一门心灵的学问。

放下压力，活得轻松；放下烦恼，活得幸福；放下自卑，活得自信；放下懒惰，活得充实；放下消极，活得成功；放下抱怨，活得舒坦；放下犹豫，活得潇洒；放下狭隘，活得自在……

目录

第一辑
扶正心灵

孔子曰：吾十五而志于学，三十而立，四十不惑……但是在现代社会的快节奏生活和竞争环境中，人们三十难立，四十也很难不惑，为生存，为名利疲于奔命。填不满的欲壑、负不完的责任、完不成的追求，让人们心绪胀满，无法轻松。此时人的心灵已经偏离了航向，如不及时扶正，只会在错误的航道上越行越远。

第二辑

呼唤从容

宠辱不惊，闲看庭前花开花落；去留无意，漫观天外云卷云舒。红尘万丈，体味人情冷暖，感受世态炎凉。以平常之心处世度人，以从容之态演绎人生。从容是一种修炼，它不只表现于生命在得意之时豁达、稳健，更在于陷入不幸时的坦然与沉静，这是一种人生的境界。

第三辑

难得糊涂

人生不如意事常八九，可与言者无二三。在生活中，不如意的事常常占了人生中的大部分空间，而在交往中能够成为知己，成为能够为之倾诉对象的朋友却很少。一味地与生活较真儿只会让自己更加悲观、失望，丧失对生活的信心。这时不妨糊涂一把，以中庸的哲学面对生活，也许我们无力改变一些既成事实，但我们可以改变的是看待这些事情的态度。

第四辑

无爱无忧

人间最苦：缘尽而情未了。自古以来爱情就成为人们生活中一个不可或缺的主题。元好问有诗云：问世间情为何物，直教人生死相许……这成为无数痴男怨女表达对爱情忠贞的绝唱。然而感情的事说不清、道不明，有缘则聚无缘则散，如果放不下已经没有挽救余地的爱情，只能剪不断，理还乱，受折磨的还是自己和自己那颗脆弱的心。

第五辑

无欲无求

禅诗有云：春有百花秋有月，夏有凉风冬有雪。若无闲事挂心头，便是人间好时节。

境由心生，只有内心归于平静才可感受到人生的美好，心灵一旦被物欲所牵，就等于被蛛网所系，一生不得挣脱，而克制欲望，保持淡泊之心则可让人趋于平静。明白事理：功名利禄，荣华富贵均是身外之物，不可没有，亦不可强求。如此，你的内心则可以获得释然。

第六辑

无怒无敌

怒，对人有百害而无一利，首先它对人的生理有伤害，现代医学证明：生气会导致人的血压非正常升高，燃烧筋骨里的脂肪，致使排泄困难。

其次，它对人际交往也有危害。怒，难免会对别人造成伤害，这种伤害一旦形成将很难消除，时间久了，容易到处树敌，使自己处于孤立的状态。

第七辑
无怨成佛

现实中，我们有太多的怨气，工作不够理想，事业不够成功，赚钱没别人多，老婆没别人的漂亮，孩子没别人的聪明……唯心中有佛的人才能化解这些怨气。怨气来时，让我们如佛般轻轻微笑，让怨气在微笑里化为一缕轻烟，就如它不曾来过。

第八辑

体验明亮境界

现代社会是一个追求体验的时代，体验人生、体验幸福、体验消费、体验爱情、体验冒险、体验刺激……而在本意，我们所体验的则是一种人生的境界，是一种人性中固有的、与生俱来的、只是被各种世俗暂时遮挡的真实的心境。

第九辑

弹拨真实心态

红尘万丈，尘世中的我们为钱、为权、为名、为利变得庸俗而世故，人性中的真善美也被各种利益关系所掩盖。所谓的友人大多成了事业上的合作伙伴，所谓亲人也总是摆脱不了各种利益上的往来……在各种应酬闲暇之余，应留给自己一些时间，向无限深处的地方重新发现一下自己内心的真实状态。

第一辑

扶正心灵

孔子曰：吾十五而志于学，三十而立，四十不惑……但是在现代社会的快节奏生活和竞争环境中，人们三十难立，四十也很难不惑，为生存，为名利疲于奔命。填不满的欲壑、负不完的责任、完不成的追求，让人们心绪胀满，无法轻松。此时人的心灵已经偏离了航向，如不及时扶正，只会在错误的航道上越行越远。

追求完美的魂灵

一个魂灵对老天爷说："您派给我一个最好的形象，我将永远崇拜您。"

老天爷仁慈地回答："好，你准备做人吧，这是世界上最好的形象。"

魂灵问："做人有风险吗？"

"有，钩心斗角、残杀、诽谤、夭折、瘟疫……"

"另换一个吧？"

"那就做马吧！"

"做马有风险吗？"

"有，受鞭笞、被宰杀……"

"唉，请再换一个吧。"

"老虎？"

"老虎！"魂灵乐了。"老虎是兽中王，它一定没风险。"

"不，老虎也有风险，有时被人猎杀，有一种小兽是它的克星……"

"啊，老天爷，我不想当动物了，植物总可以吧。"

"植物也有风险，树要遭砍伐，有毒的草被制成药物，无毒的草人兽食之……"

"啊……恕我斗胆，看来只有您老天爷没风险了，让我留在你身边吧……"

老天爷哼了一声："我也有风险，人世间难免有冤情，我也难免被人责问，时时不安……”说着，老天爷顺手扯过一张鼠皮，包裹了这个魂灵，推下界来：

“去吧，你做它正合适。”

生活中有着太多的不如意，如果事事苛求完美，生命也就毫无快乐可言。当你面对不幸与挫折的时候，不妨静下心来想一想，如果你已经尽了自己最大的努力，又有什么值得遗憾的呢？生活中如果尽善尽美，那我们的人生又有什么意义呢？

积极的联想

李琼对自己在广州上学时的一段经历念念不忘：

有一回在学校附近碰见一个年轻的妇女站在大树底下兜售布袋——一种长方形单面有图案的纯棉购物口袋，价钱相当便宜，只售一元。于是一口气买了 5 个。

布袋拿回宿舍，同学都说值，不料一位细心的同学蓦然惊呼：“怎么上面有个‘死’字！”定睛一看，布袋的图案四周原来还环着一圈外文，几个较长的单词不认识，字典里也没有，中间一个“die”却赫然触目惊心！再细看图案本身，几个简单而形状怪异的色块拼凑在一起，谁也辨不出那究竟是什么。

“我说这么便宜！”“准是邪教的图腾！”“巫婆！”“咒语！”同学们大呼小叫。

虽说向来不信邪，照用不误，但挎着口袋上街时还是小心地把有图案的一面向里，以免引来旁人注目。有次要寄衣物回家，那些口袋是再好不过的包裹，但瞅着那个碍眼的“die”，心里仍有些别扭，总不能往家里寄去一份不祥吧？后来想出个好主意，用同色的彩笔在“die”后面加上“t”，成“饮食、节食”之意。自忖破去一劫，顿时心安理得。

直至一年后，认识了一个外语学院的朋友，“咒语”之谜方水落石出：那句奇怪的外文其实是德语。“die”是德语中一个再普通不过的冠词，发音为“地”，用法相当于英语“the”，专用以修饰阴性名词，“咒语”全句的意思是“保护世界环境”。

恍然悟过之后回头再看那神秘的图案，原来竟是世界七大洲的板块！都说联想是思维的双翅，积极的联想会给我们带来智慧和财富，而人为制造出的种种联系，都只会把我们带入烦恼的牢笼。本来是一句健康的标语，却被主观臆断为一句“巫婆的咒语”，这一年多的别扭，简直就是自讨苦吃。不要无端地增添自己的烦恼，心胸坦荡，自然也就百无禁忌。

拆除心墙

一位建筑设计大师杰作无数，阅历丰富，但最大的遗憾就是正如人们评给的那样，把城市空间分割得支离破碎，楼房之间的绝对独立加速了都市人情的冷漠。过完70岁寿辰，大师意欲封笔，而在封笔之作中，他想打破传统的楼房设计形式，力求让住户之间开辟一条交流和交往的通道，使人们相互之间不再隔离而充满大家庭般的欢乐与温馨。

一位颇具胆识和超前意识的房地产商很赞同他的观点和理念，出巨资请他设计。果然不同凡响。

然而，大师的全新设计叫好不叫座。社会上炒得火热，市场反应却非常冷漠，乃至创出了楼市新低。

房地产商急了，急命市场调研。调研结果出来，让人大跌眼镜：人们不肯掏钱买房的原因，是嫌这样的设计虽然令人耳目一新，但邻里之间交往多了，不利于处理相互间的关系；在这样的环境里活动空间大了，孩子们却不好看管；还有，空间一大，人员复杂，对防盗之类人人担心的事十分不利……

大师听到反馈，痛惜不已：我只识图纸不识人，这是我一生中最大的败笔。

我们可以拆除隔断空间的砖墙，而谁又能拆除人与人之间坚厚的心墙？我们有时可以跨越前进路上的一切障碍，却无法摧毁人与人之间那道厚厚的心墙。朋友，打开你的心窗，生活会给你更多的爱与温暖。

主动给人以爱

从前有个国王，非常疼爱他的儿子。这位年轻王子，没有一件欲望和要求不能满足。因为他父王的钟爱与权力，可以使他得到一切他所希望的东西，然而他仍常常眉头紧锁，面容戚戚。

有一天，一个大魔术家走进王宫，对国王说，他有方法使王子快乐，能把王子的戚容变作笑容。国王很高兴地说："假使能办到这件事，则你要求任何赏赐，都可以答应。"

魔术家将王子领入一间私室中，用了白色的东西，在一张纸上涂了些笔画。他把那张纸交给王子，让王子走入一间暗室，然后燃起蜡烛，注视着纸上呈现些什么。说完，魔术家就走了。

这位年轻的王子遵命而行。在烛光的映照下，他看见那些白色的字迹化作美丽的绿色。而变成这样的几个字：“每天为别人做一件善事！”王子遵照了魔术家的劝告，并很快就成了国土中最快乐的一个少年。爱人者，人恒爱之。对生活充满感恩，友好地对待他人，多替别人做善事，你的人生必定是幸福的。

摆脱无形的枷锁

一个小孩在看完马戏团精彩的表演后，随父亲到帐篷外拿干草喂表演结束的明星马匹。

小孩注意到一旁的大象群，问父亲：“爸，大象那么有力，为什么它们的脚上只系着一条小小的铁链，难道它无法挣开那条铁链逃脱吗？”

父亲笑了笑，耐心地为孩子解释：“没错，大象挣不开那条细细的铁链。在大象还小的时候，训练师就是用这样的铁链来系住小象，那时候的小象力气还不够大，小象起初也想挣开铁链的束缚，可是试过几次之后，知道自已的力气不足以挣开铁链，就放弃了挣脱的念头。等小象长成大象后，便甘受那条铁链的限制，不再想逃脱了。”

正当父亲解说之际，马戏团里失火了，大火顺着草料、帐篷等物蔓延，燃烧得十分迅速，很快蔓延到了动物的休息区。动物们受火势所逼，十分焦躁不安，而大象更是频频跺脚，但仍然挣不开脚上的铁链。

猛烈的火势渐渐接近大象，只见一头大象即将被火烧着，它在灼痛之时，猛然一抬脚，竟轻松地将脚上的铁链挣断，迅速奔逃至安全的地带。

其他的大象，有一两只见同伴挣断铁链逃脱，立刻模仿它的动作，也用力挣断铁链逃生了。但其余的大象却不肯去尝试，只知不断地转圈跺脚，最终无一幸存。

或许你必须耐心静候生命中的一场大火，逼着你非得选择挣断铁链或甘心遭大火烧身。或许你幸运地选择了前者，在挣脱困境之后，语重心长地告诫后人，一个人必须经苦难磨炼方能得以成长。

除了这些人生习以为常的方式之外，你还有一种不同的选择。你可以当机立断，拿得起放得下，运用我们内在的毅力，立即挣开消极习惯的捆绑，改变自己所处的环境，积极投入到另一个崭新的领域中，使自己的潜能得到充分发挥。

你是静待生命中的大火，甚至甘心遭它席卷而低头认命？抑或立即在心境上挣开环境的束缚，获得追求成功的自由？面临人生的重大选择我们需要摆脱习惯的枷锁，而要摆脱这副无形的枷锁并不容易，它不仅需要你拥有超常的决心和勇气，更需要你具备过人的眼光和胆识！

20 美元买 1 小时

一位爸爸下班回家很晚了，很累并有点烦，发现他 5 岁的儿子靠在门旁等他。“我可以问你一个问题吗？”

“什么问题？”

“爸，你 1 小时可以赚多少钱？”

“这与你无关，你为什么问这个问题？”父亲生气地说。

“我只是想知道，请告诉我，你 1 小时赚多少钱？”小孩哀求。

“假如你一定要知道的话，我 1 小时赚 20 美金。”

“喔，”小孩低下了头，接着又说，“爸，可以借我 10 美金吗？”

父亲发怒了：“如果你问这问题只是要借钱去买毫无意义的玩具的话，给我回到你的房间并上床，好好想想为什么你会那么自私。我每天长时间辛苦工作着，没时间和你玩小孩子的游戏。”

小孩安静地回自己房间并关上门。

父亲坐下来还在生气。约一小时后，他平静下来了，开始想着他可能对孩子太凶了——或许孩子真的很想买什么东西，再说他平时很少要过钱。

父亲走进小孩的房：“你睡了吗，孩子？”

“爸，还没，我还醒着。”小孩回答。

“我刚刚可能对你太凶了，”父亲说，“我将今天的气都爆发出来了——这是你要的 10 美金。”

“爸，谢谢你。”小孩欢叫着从枕头下拿出一些被弄皱的钞票，慢慢地数着。

“为什么你已经有钱了还要？”父亲生气地说。

“因为这之前不够，但我现在足够了。”小孩回答，“爸，我现在有 20 块钱了，我可以向你买一个小时的时间吗？明天请早一点回家——我想和你一起吃晚餐。”

与你所爱的人分享这个故事，与你的家人分享这价值 20 美金的时间。辛苦而繁忙的工作常常让我们忽视了生命中最宝贵的亲情，失去了亲人的爱和依恋，那我们的工作又有什么意义。珍惜你所拥有的，不要等亲人成了陌生人，再想着去挽回，到那时，一切都已经来不及了。

理解带来奇遇

有一位老妇人年老孤单，独自住在一栋老式的大房子里，成天与小毛毯、法国古董为伍。她渴望得到一些人间的温暖和理解，但长期以来，没有人愿意给她。特别是她的亲戚们，视她如一件古董，窥视她的财产，却漠视她心灵的饥渴。一个偶然的机会，一位律师造访了这栋房子。他非常理解老妇人的处境，更理解她的一颗与时代难以合拍的心。

于是，从这栋老房子的话题开始，他们进行了亲切的交谈。

“这使我想起我们以前的老房子，我在那里出生的。”律师说道，“那房子很漂亮，盖得很好，有很多房间，现在已经很少有这种房子了。”

“你说得对。”老妇人表示同意，“现在年轻的一代已经不在乎房子漂亮不漂亮了。他们只要那种小公寓就够了，然后开着车子到处跑。”

就这样，律师开始走进她那久已关闭的心灵，他们开始互相信任。她带着律师到处参观，律师也热诚地发出赞美。

后来，老妇人带着律师来到车库，那里停着一辆崭新的别克车——几乎没有使用过。

“这是我丈夫去世前没多久买给我的。”她轻声说道，“自从他死后，我就没有动过它……你懂得鉴赏好东西，我就把它送给你吧！”

“啊！”律师吃惊了，“我知道你很慷慨，但是，我却不能接受。我已经有了一部新车，而且我们并不算是亲戚，我相信你有许多亲戚会很喜欢这部车。”

“亲戚！”她叫起来，“不错，我是有很多亲戚。但是，他们只是在等我死掉好得到这部车子。哼，他们得不到的。”

“如果你不想送给他们，也可以卖给汽车商啊！”律师建议。

“卖给汽车商？”她大叫，“你以为我会把这部车子卖掉吗？你认为我可以忍受让陌生人开着它到处跑吗？——这是我丈夫给我买的车子啊！我做梦都不会把它给卖掉的。我想把它送给你，是因为你懂得鉴赏好东西。”老妇人执意要律师接受她的馈赠。都说“理解万岁”，的确，真诚和理解能够迅速拉近人与人之间的距离，让彼此变得更加信任。因此，要想得到一个真正意义上的朋友，就必须去关注对方的心灵，试着去理解对方的感受，并分享他的快乐，分担他的忧愁，做他可以信赖的知己。

心态改变人生

人的心态是随时随地可以变化的。一个人心里想的是快乐的事，他就会变得快乐；心里想的是伤心的事，心情就会变得灰暗。

著名哲学家周国平写过一个寓言，说一个少妇去投河自尽，被正在河中划船的老艄公救上了船。

艄公问：“你年纪轻轻的，为何寻短见？”

少妇哭诉道：“我结婚两年，丈夫就遗弃了我，接着孩子又不幸病死。你说，我活着还有什么乐趣？”

艄公又问：“两年前你是怎么过的？”

少妇说：“那时候我自由自在，无忧无虑。”

“那时你有丈夫和孩子吗？”

“没有。”

“那么，你不过是被命运之船送回到了两年前，现在你又自由自在，无忧无虑了。”

少妇听了艄公的话，心里顿时敞亮了，便告别艄公，高高兴兴地跳上了对岸。美国著名的心理学家威廉·詹姆斯说：“我们这一代人最重大的发现是，人能改变心态，从而改变自己的一生。”的确，人生的成功或失败，幸福或坎坷，快乐或悲伤，有相当一部分是由人自己的心态造成的。

追随你的心灵

剑桥郡的世界第一位女性打击乐独奏家伊芙琳·格兰妮说：“从一开始我就决定：一定不要让其他人的观点阻挡我要成为一名音乐家的热情。”

她成长在苏格兰东北部的一个农场，从 8 岁时她就开始学习钢琴。随着年龄的增长，她对音乐的热情与日俱增。但不幸的是，她的听力却在渐渐地下降，医生们断定这是由于难以康复的神经损伤造成的，而且断定到 12 岁，她将彻底耳聋。可是，她对音乐的热爱却从未停止过。

她的目标是成为打击乐独奏家，虽然当时并没有这么一类音乐家。为了演奏，她学会了用不同的方法“聆听”其他人演奏的音乐。她只穿着长袜演奏，这样她就能通过她的身体和想象感觉到每个音符的震动，她几乎是用她所有的感官来感受她的整个声音世界。

她决心成为一名音乐家，于是她向伦敦著名的皇家音乐学院提出了申请。

因为以前从来没有聋学生提出过申请，所以一些老师反对接收她入学。但是她的演奏征服了所有的老师，她顺利地入了学，并在毕业时荣获了学院的最高荣誉奖。

从那以后，她就致力于成为世界上第一位专职的打击乐独奏家，并且为打击乐独奏谱写和改编了很多乐曲，因为那时几乎没有专为打击乐而谱写的乐谱。

至今，她作为独奏家已经有十几年的时间了，因为她很早就下了决心，不能仅仅由于医生诊断她会完全变聋而放弃追求，因为医生的诊断并不意味着她的热情和信心就不会有结果。

罗斯福总统的夫人曾向她的姨妈请教对待别人不公正的批评有什么秘诀，她姨妈说："不要管别人怎么说，只要你自己心里知道你是对的就行了。"避免所有批评的唯一方法就是只管做你心里认为对的事——因为你反正是会受到批评的。学会选择，不要让他人的论断束缚了自己前进的步伐。追随你的热情，追随你的心灵，它们将带你到你想要去的地方。

木匠和画师

从前，北方有一位技艺巧妙的木匠，用木头雕塑了一个相貌端正、衣饰逼真的女子。

木女能够来回走动，还可以斟酒敬客，只是不能开口说话而已。

当时，南方有一位善于绘画的画师，木匠早已耳闻画师的大名。于是，准备了上好的酒食，要宴请画师。席间，木匠便让木女为画师斟酒夹菜，画师不知道这女子是木头做的，以为是真的女子，心生爱恋。

不知不觉，天色已晚，木匠便留画师住下，并让木女侍候画师。

画师欣然答应。

画师进屋后，见木女站在灯火边。

即叫唤这位木女，可是木女却原地不动。画师以为是女子害羞，所以就上前用手牵她。一牵，才知原来她是用木头做的！

画师不禁满脸羞愧，自言自语地说："这主人居然骗我，我也得戏弄他一下。"

于是，画师就想了一个主意，在墙上画了一幅自己的像，衣着和自己相同，脖子上套着一根绳子，好像吊死了的模样。

画完后，画师关上门，便躲在床下。

第二天天亮，木匠从房里出来，看画师的房门未开，往里一看，见画师吊死在墙上。木匠吓坏了，以为画师真的死了，立刻破门而入，正想用刀砍断绳子时，画师从床下钻了出来。

木匠一脸的尴尬，画师拍拍身上灰尘说："如何？你能骗我，我也能骗你。咱们俩算是扯平了，互不相欠。"

木匠遂感愧疚地说："其实错在我。如果我不嫉妒你的才华，设计捉弄你，也不会有这样的事情发生。"

画师也坦白地说："如果不是因为我心术不正，不甘心被骗，也不至于作画戏弄你，害你为我担心，真是对不起。"

最后，两人握手言和。人与人之间如果能够真诚地相待，豁达地相交，生活中就会减少很多不必要的误会和烦恼。

沙漠游记

家在加州旧金山的姗娜被获准去一个远在澳大利亚沙漠深处的军事基

地，看望阔别3年的恋人。当她来到基地时，恰巧恋人到海外执行任务，姗娜决定留下来等他回来。

恋人一个月后回来了，姗娜对他急急地讲述到这里后的孤独和寂寞：基地周围都是沙漠，看不到几棵绿树。特别是附近的居民一看就是愚昧落后的土著人，和他们语言不通，每天只好把自己关在小屋里。

恋人笑了。这里生活很美，不信，你走出小屋。

半信半疑的姗娜试着去和周围的世界接触。她忽然发现，头顶的星空比在屋里向外望的那一块辽阔美丽多了，而那些看起来愚昧的土著人对她也十分友好。在晴朗的夜色下，部落里的一百多人燃起熊熊篝火，为她跳起了迷人的舞蹈。姗娜后悔早该从小屋里走出来。两个月不知不觉地过去，姗娜对这一片土地竟依依不舍。回到美国后她根据日记写出了畅销全国的沙漠游记。

这是生活里的一个真实故事。其实，世界美不美，生活好不好，关键在于你要走出“关”着自己的小屋。消极，封闭自我，生命就会长满荒芜；积极，热爱生活，即使沙漠也会成为生命的绿洲。像姗娜一样，走出小屋吧！绚丽多彩的阳光就照耀在我们身上。

放弃等待

一位探险家在森林中看到一位农夫坐在树桩上抽烟，于是上前打招呼说：“您好，您在这儿干什么呢？”

农夫回答：“我在等，等待发生一场地震，把土豆从地里翻出来。”

“您？”

“有一次我正要砍树，但就在这时风雨大作，刮倒了许多参天大树，省了我不少力气。”

“您真幸运！”

“您可说对了。还有一次，暴风雨时的闪电把我准备焚烧的干草给点着了。”

“所以现在……”

夜晚或黄昏的时候，你凭栏眺望，苍穹、楼群，远处变换的霓虹广告，唤起你一种超然物外的愉悦感……慢慢地你自然而然地会收回目光，开始注视楼群的一扇扇窗户，注视这一片万家灯火的景象，你的思绪渐渐融入现实生活中。对于你来说，那隐藏在各色窗帘后面的，是别人的生活，你也许会以一种悲天悯人的博大胸怀，祈祝人人温馨快乐；也许会产生某种疑虑：他们的日子是不是过得很好，有没有烦恼和不幸？……你像一位哲学家一样，想了很多很多。

不知你有没有注意到，在我们的周围，有不少人在“等”：等加工资；等房子拆迁；等子女出道；等股票升值；等一笔曾经讲好的佣金；等某位国外的亲戚寄来担保书；等门前的马路拓宽后变成街面房；等老人过世后可以接管他们的财产；等 50 岁到来可以办理退休手续……我们在似是而非的等待中，日子变得像“加了苦药的糖”。

史铁生写过一篇小说，名字叫《毒药》。主人公因为种种不幸几近穷途末路，过着没有希望的生活。但他有一个不为人知的精神武器，他为自己准备了一副“毒药”，随时随地可以帮助他了断自己。所以他一直在等，等待着那个足以令他可以使用“毒药”的机会的到来。有一次他甚至跳进了深水里，挣扎中他决定拿出他的“毒药”，但最终还是没有拿出来，他给自己的理由是，“毒药”也许受潮了。因此，他似乎一直没有机会动用他的“毒药”。

故事的结局是，在一次次放弃使用“毒药”的过程中，主人公也走出了困境。“置死地而后生”，大概就是这个故事的立意。

美国未来学家尼葛洛庞帝说：预见未来的最好办法就是创造未来。过去的已经过去，未来的日子我们应该抓紧努力。人生百年，掐头去尾，不过也就三五十年，放弃等待，才能开拓美好未来。

小偷遇大师

一天晚上，有位大师在读书时，突然听到墙壁上有声响，猜想可能是个小偷，于是就叫侍者道：“拿些钱给那凿墙的朋友吧！”

他的侍者走到邻室，大声地说道：“喂！不要把墙壁弄坏，给你些钱就是了！”小偷一听，吓得转身就逃走了。

大师以责备的语气对侍者说道：“你怎么可以大声吼叫？一定是你的声音太大，把他吓着了，可怜钱也没有拿到就跑走；这么冷的天气，他可能还没有吃过晚饭，你赶快追上去把钱拿给他。”

侍者没法儿，只得在寒冷的深夜里，到处寻找不知躲在哪个角落里的小偷。

还有一位大师一天夜半睡觉时，小偷潜进来偷窃，把她唯一的一条棉被偷走了，大师没有办法，只好以纸张盖在身上取暖。

小偷在惊慌之间，被负责巡逻的弟子撞见了，仓皇中将偷到手的棉被遗留在地上。徒弟们捡到这床师父的棉被，赶紧送回师父房间。

此时，大师身上正盖着纸张，缩着身子在打哆嗦。她看到弟子送回的棉被说道："哎呀，这条棉被不是被小偷偷走了吗？怎么又送回来呢？既然是小偷拿去了，就是他的东西。赶快，拿去还给他！"

弟子无奈，在师父的百般催促下，费了九牛二虎之力，才把逃得很远的小偷找到，表明师父的意思，坚持把棉被还给他。小偷受了感动，从此改邪归正。故事中两位大师都是技艺精湛的，正是因为如此，才会有这些迂腐的、可笑的行为。但是，不要忘了俗话所说的："饶人不是痴汉，痴汉不会饶人。"唯有真正宽恕别人，你才能够得到真正的快乐。

水车与水流

有位长者在行脚时，因口渴而四处寻找水源，刚好看到不远处有一个青年在池塘里蹬水车，长者趋前向青年要了一杯水喝。青年以一种羡慕的口吻说道："有一天，如果我看破红尘时，我一定会跟您一样云游四方。"

长者含笑地问道："哦！那你什么时候会看破红尘呢？"

青年答道："我们这一带就数我最了解水车的性质了，全村的人都以此为主要水源，若找到一个能接替我照顾水车的人，届时没有责任的牵绊，我就可以找自己的出路，我就可以看破红尘了。"

长者道："你最了解水车，如果水车全部浸在水里，或完全离开水面会怎么样呢？"

青年说道："水车的原理是靠下半部置于水中，上半部逆流而转的原理，如果把水车全部浸在水里，不但无法转动，甚至会被急流冲走；同样的，完全离开水面也不能吾上水来。"

长者道："水车与水流的关系可说明个人与世间的关系，如果一个人完全入世，纵身江湖，难免不会被五欲红尘的潮流冲走。假如纯然出世，自命清高，不与世间来往，则人生必是漂浮无根，空转不前的。因此，一个人，要出入得宜，光看破红尘还是不够，更要发广度众生的宏愿才好。使出世与入世两者并立，这才是看破红尘的态度。"

青年听后，欢喜不已地说道："您这一席话，真叫我茅塞顿开，您真使我长知识。"以出世的思想做人，以入世的思想做事，这就是正确的人生观念。生活中，你不要太执着，太执着就会陷入固执；也不能过于清高，太清高就会消极避世。

错过幸福女神

从前，某处住了一位单身汉。他希望在有生之年，能得到真正的幸福，哪怕只有一次也好。

于是，他日复一日地向神灵祈祷。他的诚意有一天终于得到了回报。

某夜，突然传来一阵敲门声："奇怪，这么晚了会是谁呢？"他虽然觉得纳闷，但依然把门打开。

门外站着的是一位名叫"吉祥"的幸福女神，他兴高采烈地请她赶紧入内。可是，美丽的幸福女神却指着她身后的另一位女子说："等一下，这是我的妹妹，我们是一起出来旅行的。"

他惊讶地看着这位奇丑无比的女子，疑惑地问"吉祥"："真的是你的亲妹妹吗？"

“是呀，我刚才不是已经介绍过了吗？她是不幸女神‘黑耳’。”

他听了之后连忙说：“请小姐进屋里来坐，不过，还是请令妹先回去。”

“真是岂有此理！我们不论走到哪里，都是在一起的，我怎么可以单独留下来呢！”

他犹豫着，不知如何是好。于是“吉祥”说道：“若有不便，我们只有告辞了。”

最后，他不知所措地望着姊妹两人离去的背影。

造物主不会让一个人把所有的好事都占全。鱼与熊掌不可兼得，有所得必有所失。从这个意义上说，任何获得都是以放弃为代价的。人生苦短，要想获得越多，自然就必须放弃越多。不懂得放弃的人往往是不幸的。

“年轻”的老人

有位禅师门下弟子大智，出外参学20年后归来，正在法堂里向禅师述说此次在外参学的见闻种种，禅师总以慰勉的笑容倾听着，最后大智问道：“师父，这20年来，您老一个人还好？”

禅师道：“很好！很好！讲学、说法、著作、写经，每天在法海里泛游，世上没有比这种更欣悦的生活，每天，我忙得好快乐。”

大智关心似的说道：“老师，您应该多一些时间休息！”

夜深了，禅师对大智说道：“你休息吧！有话我们以后慢慢谈。”

清晨在睡梦中，大智隐隐中就听到禅师禅房传出阵阵诵经的木鱼声，白天禅师总不厌其烦地对一批批来礼佛的信众开示，讲说佛法，一回禅堂不是批阅学僧心的报告，便是拟定信徒的教材，每天总有忙不完的事。

好不容易看到禅师刚与信徒谈话告一段落，大智争取这一空档，抢着问禅师道：“老师，分别这20年来，您每天的生活仍然这么忙碌，怎么都不觉得您老了呢？”

禅师道：“我没有时间觉得老呀！”

“没有时间觉得老”，这句话后来一直在大智的耳边响着。世间的事情总是很奇特，有的人感觉自己很年轻，但是却没有了思想的活力；有的人年寿已高，却能保持旺盛的精力。这就是人的心态决定一切所致，即使你修佛多年也避免不了有心浮气躁的时候，但如果你能够改变自己的思想感变就会有不同的人生。

天堂中的生活

上帝问一只被囚在笼中的画眉：“你愿意到天堂去生活吗？”

“为什么呢？”

“天堂宽敞明亮，不愁吃喝。”

“可我现在也很好啊。我吃喝拉撒全由主人包办，风不吹头雨不打脸，还天天能听主人说话、唱歌。”

“可是你自由吗？”

画眉沉默了。

于是，上帝以胜利者的姿态把画眉带到了天堂。他把画眉安置在翡翠宫里住下，便忙着处理各种事务去了。

一年后，上帝突然想起了画眉，便去翡翠宫看它。他问画眉：“啊，我的孩子，你过得还好吗？”

画眉答道：“感谢上帝，我活得还好。”

“那么，你能谈谈在天堂里生活的感受吗？”上帝真诚地说。

画眉长叹一声，说：“唉，这里什么都好，只是这笼子太大了，怎么飞也飞不到边。”不能转变心态，不能挣脱心理的枷锁，不能摆脱固有的生活模式，即使生活在天堂中，仍然可能有生活在地狱的感觉。

两把宝剑

铁匠打了两把宝剑。

刚刚出炉时它们一模一样，又笨又钝。

铁匠想把它们磨快一些。其中一把宝剑想，这些钢铁都来之不易，还是不磨为妙。

它把这一想法告诉了铁匠。

铁匠答应了它。

铁匠去磨另一把剑，另一把没有拒绝。

经过长时间的磨砺，一把寒光闪闪的宝剑磨成了。

铁匠把那两把剑挂在店铺里。

不一会儿就有顾客上门，他一眼就看上了磨好的那一把，因为它锋利、轻巧、合用。而钝的那一把，虽然钢铁多一些、重量大一些，但是无法把它当宝剑用，它充其量只是一块剑形的铁而已。

同样出自一个铁匠之手，同样的功夫打造，两把宝剑的命运却是这样天壤之别！锋利的那把又薄又轻，而另一把则又厚又重，前者是削铁如泥的利器，后者则只是一个中看不中用的摆设、一个包袱。

人生的道理，也与此类似。人生的目的不是面面俱到、不是多多益善，而是把已经掌握的东西得心应手地去运用，它跟宝剑一样，剑刃越薄越好，重量越轻越好。会生活的人，总是能够学会舍弃与放弃。多余的东西就是无用的东西，无论是财富、朋友还是享乐，都像剑刃上多余的钢铁，应该毫不吝惜地磨掉！

旧鞋子总比没有强

有个生活比较潦倒的销售员，每天都埋怨自己“怀才不遇”，命运在捉弄他。

圣诞节前夕，家家户户张灯结彩，充满佳节的热闹气氛。他坐在公园里的一张椅子上，开始回顾往事。去年的今天，他也是孤单一人，以醉酒度过他的圣诞节，没有新衣，也没有新鞋子，更甭谈新车子、新房子。

“唉！今年我又要穿着这双旧鞋子度过圣诞了！”说着准备脱掉这旧鞋子。这时候，他突然看见一个年轻人自己滑着轮椅从他身边走过。他顿悟到：“我有鞋子穿是多么幸福！他连穿鞋子的机会都没有啊！”之后，推销员做任何一件事都心平气和，珍惜机会，发奋图强，力争上游。数年之后，他终于彻底改变了自己的生活，成了一名百万富翁。

环顾四周，我们会发觉社会上有许多天生残缺的人，他们对生活充满信心，从不抱怨上天对他们不公平，也不乞求他人救济，反而自立自强，脱颖而出，成为有用之人才。与他们相比，我们会觉得很惭愧。我们生来五官端正，手脚齐全，却为何厌倦生活，厌倦人生，抱怨同事，不满意自己的工作？

也许我们每个人对陷入这种幽暗的人生胡同都感到可怕，但更可怕的是，当你陷入这种危险的境地却浑然不知。请记住，即使是一双旧鞋子，穿在脚上仍然是舒适暖和的，因为这个世界上还有人连鞋子都不能穿！

面对求助者的选择

那天，陈慧和妹妹给出差的哥哥看家。夜里 11 点她们被一阵剧烈的打门声惊醒。陈慧惊骇地披衣下床，大声问："谁？"

没有人回答，打门声却未停。巨大的声响在寂静的冬夜里粗暴又放肆。

妹妹也下了床，在她身后慌慌地张望。陈慧壮胆又喊了一句："不说话我要叫人了。"

打门声骤然停顿一下，接着便更加疯狂地响起来。极度的恐惧让她们不敢走近门通过猫眼去看是什么东西作怪。房内还没装电话，与外界联系的唯一方法只能靠她们的声音了。陈慧和妹妹冲到阳台上，用发抖的声音大喊："来人呀，有贼撬门，救命呀……"

传达室里出来几个人。然而他们只是朝五楼上的她们看了一眼便回去继续玩麻将去了。她们清楚地看到左邻右舍仍有灯亮未睡的，她们的呼救声起到了军营熄灯号的作用，顿时一片漆黑，罪恶的打门声掺和着两个女孩的绝望求救声持续了整整半个钟头。没有听到任何回应，夜显得如此狰狞。

当一切都沉寂下来，陈慧与妹妹颤抖着抱成一团，彼此只听到对方"突突"的心跳。她们穿戴整齐坐在床上，床头放了两把从厨房里找到的发着寒光的菜刀。

第二天，愤怒的哥哥终于查出事情的真相：住在楼下的一个先生醉了酒，误认了房间，以为妻子不给开门……一个月后，哥哥辞了这家单位收入颇丰的“铁饭碗”，去了别处。理由只有一个：他不能让自己处在一个漠视生命的群体中。

这回，保守的父母没再拦他。人与人之间应是相互关怀的，相互帮助的，任何人不可能脱离社会而存在，当别人需要帮助时，我们应该怎么办，是漠视还是热情？

列车奇遇

胡差点儿被挤扁，终于钻进了车门。

胡的座位是临窗的三号。还没坐稳就踩胡脚的那个小山似的女人，一屁股将四号座位压得“咯吱”呻吟，一下子，胡的地盘被她侵占去三分之一。盛夏乘车摊上这样的芳邻，真是不幸。

胡的这排座位是三、四、五号。五号座位上是位不满20岁的姑娘，一副近视眼镜架在高挺的鼻梁上。胡瞥了她一眼，见她表情丰富的脸上清晰地写着对四号邻居的厌恶。原来，五号的“疆土”也遭到胖女人的“扩张”。只见五号几乎愤然地急挥纸扇，把胖女人呛人的汗酸味扇到胡这边来。胡心中非常恼火，但又不便说她。

汽车在公路上飞驰。闷热的空气与发动机的“哼哼”声胜过催眠曲，车上的乘客有差不多半数在打盹。四号的眼皮也在合拢。小山似的身躯慢慢向五号位倾斜，胡幸灾乐祸起来：胖女人灰衣服上那汗渍斑斑的“盐碱地”，可以从俏姑娘那里得到一点香水味了。

五号由表情讨厌到怒气升腾，从“厌而远之”到奋起反击：她架起胳膊肘顶四号的胖脸。胖女人一定是在梦中喝醉了酒，任你五号怎样明顶暗碰，都撞不开她的梦门。最后五号愤中生智，猛然一闪身，把四号摔倒在座位上。车内一阵窃笑。

四号从突然破碎的梦中惊醒，艰难地支起身，很难为情地低下头玩起自己的胖指头来。

车行至某县城，那位五号姑娘也开始打盹，不由自主，她的秀发委屈地贴在四号的“盐碱地”上。渐渐地，五号的头滑到了四号的胳膊弯里了。可胖女人并不去回敬那姑娘一个闪身，反倒尽量保持平稳，让姑娘舒服地依着她。四号的右臂一定是很累了，她用左手去托扶着右臂。

不知怎么，胡心里泛起一股说不清的滋味，不禁对四号低声说：“大嫂，弄醒她吧。”

她答非所问：“俺家大妞也这般大，年轻人爱困。”

车在颠簸，胡的思绪也在跳动。人性的美在于宽容、仁爱，不要从外表来判断一个人的美丑，外表常让人迷惑上当，要知高尚的心灵才是真正的爱之所在。

打开心灵之门

有一个人，每到晚上都会做一个梦，他梦见自己走在很长的走廊，走到尽头时，出现了一道门，看见门他全身发抖，直冒冷汗不敢打开门。就这样，20 年来他每晚都做同样的梦，也找心理医师治疗了 20 年。

后来他找到了一位老者，也把梦的情形跟老者说明。

老者沉思片刻，对他说："你为什么不把门打开看看呢？！最多只是一死而已嘛！"这人想想很有道理，于是当晚在梦中他便鼓起勇气把门推开了……

第二天，他又来找老者。

老者问他："门打开了吗？"

他点点头回答："打开了！"

老者问："结果，门后有什么呢？"

他说："打开门后，呈现眼前的是一片绿油油的柔软草地，有灿烂的阳光、耀眼的舞蝶……"人生之所以有很多烦恼，就是在于很多人都不敢打开生活的心灵之门。如果你果断地去尝试，把那些无端的烦恼都抛到九霄云外，你就能够感受到生活的幸福和快乐。

樵夫的领悟

有位樵夫生性愚钝，有一天他上山砍柴，不经意地看见一只从未见过的动物，于是他上前问："你到底是谁？"

那动物开口说："我叫'领悟'。"

樵夫心想："我就是缺少'领悟'啊！把它捉回去算了！"

这时，"领悟"就说："你现在想捉我吗？"

樵夫吓了一跳："我心里想的事它都知道！那么我不妨装出一副不在意的模样，趁它不注意时赶紧捉住它！"

结果，"领悟"又对他说："你现在又想假装成不在意的模样来骗我，等我不注意时，将我捉住。”

樵夫的心事都被“领悟”看穿，所以就很生气：“真是可恶！为什么它能知道我在想什么呢？”

谁知，这种想法马上又被“领悟”发现。它开口道：“你因为没有捉住我而生气吧！”

于是，樵夫从内心检讨：“我心中所想的事，好像反映在镜子里一般，完全被‘领悟’看清。我应该把它忘记，专心砍柴。我本来就是为了砍柴才来到山上的，实在不该有太多的欲望。”

樵夫想到这里，就挥起斧头专心砍柴，一不小心，斧头掉了下来，却意外地压在“领悟”上面，“领悟”立刻被樵夫捉住了。常想去悟出真理，却反而为了这种执着而迷惑、困扰。因此只要恢复直率之心、平常之心，彻底地顺从自然，道理就唾手可得了。

不同的选择

两个不如意的年轻人，一起去拜望师父：“师父，我们在办公室里被欺负，太痛苦了，求你开示，我们是不是该辞掉工作？”两个人一起问。

师父闭着眼睛，隔了半天，吐出五个字：“不过一碗饭。”就挥挥手，示意年轻人退下。

刚回到公司，一个人就递上辞呈，回家种田，另一个人却留了下来。

转眼10年过去了。回家种田的以现代方法经营，加上品种改良，居然成了农业专家，还拥有了自己的农庄。另一个留在公司的，也不差。他忍着气，努力学，渐渐受到器重，成了经理。

有一天，两个人相遇了。农业专家说：“奇怪，师父给我们同样‘不过一碗饭’这五个字，我一听就懂了，不过一碗饭嘛，日子有什么难过？何必硬留在公司？所以我辞职了。”

他问另一个人：“你当时为何没听师父的话呢？”

“我听了啊，”那经理笑道，“师父说，‘不过一碗饭’，多受气，多受累，我只要想：不过为了混碗饭吃，老板说什么是什么，少赌气，少计较，就成了，师父不是这个意思吗？”

两个人又去拜望师父，师父已经很老了，仍然闭着眼睛。隔了半天，答了五个字：“不过一念间”。当你决定放下，你不会失去任何东西，失去的只有烦恼。人生所有烦恼都是放下的执着。

找回真我

雪地行军是件危险的事，它极易使人患上雪盲症，以致迷失行进的方向。

但人们感到奇怪，若仅仅是因为雪的反光太刺眼，为什么戴上墨镜之后，雪盲症仍不可避免呢？

最近美国陆军的研究部门得出结论：导致雪盲症的，并非雪地的刺眼反光，而是它的空无一物。科学家说：人的眼睛其实总在不知疲倦地搜索世界，从一个落点到另一个落点。要是连续搜索而找不到任何一个落点，它就会因紧张而失明。

想起另一个关于搜索的故事：有个年轻人被判终身监禁，他失去了活下去的勇气。在准备结束自己的生命之前，他回想了活在这世上的二十多个年头，家人、亲戚、同学、老师、邻居，有谁曾对自己说过一句赞许的、鼓励的、温暖的话，居然一句也想不起来。他飞快地在过去岁月的角角落落里来回搜索，这时他想，只要能搜索到一句，我就不死，我就要为了这一句话而活下去。最后，他终于想起了半句，那是中学里一个美术老师说的。当他将一幅恶作剧的涂鸦作品交上去时，老师说："你在画些什么呀？嗯，色彩倒还漂亮。"这半句赞美的话，成了年轻人搜索过去世界的一个落点。有了这个落点，他的心灵才没有"失明"。他活了下来，并成为一个作家。

所有的眼睛都在搜索世界，搜索世界的眼睛不怕光怪陆离，却怕空空一片。一个人很可能对所有的人充满敌意，如果搜索不到真诚的落点，他很可能会怀疑整个世界。

美国陆军对付雪盲目症的办法是，派先驱部队摇落常青灌木上的雪。这样，一望无垠的白雪中，便出现了一丛丛、一簇簇的绿色景物，搜索的目光便有了落点。

假如心迷失在冷寂无边的雪野，让我们率先摇落常青灌木上的雪。人的心中藏有无数宝藏。无论你做什么，都是为了打开宝库的大门，找回那个灿烂辉煌、光芒四射的真我。

"不如学生"的琴师

有位世界级的小提琴家在为人指导演奏时，从来都不说话。

每当学生拉完一首曲子之后，他会亲自再将这首曲子演奏一遍，让学生们从聆听中学习自己的拉琴技巧。

他总是说："琴声是最好的教育。"

这位小提琴家在收新学生时，会要求学生当场表演一首曲子，算是给自己的见面礼，而他也先听听学生的底子，再给予分级。

这天，他收了一位新学生，琴音一起，每个人都听得目瞪口呆，因为这位学生表演得相当好，出神入化的琴音有若天籁。

当学生演奏完毕，老师照例拿着琴上前，但是，这一次他却把琴放在肩上，久久不动。

最后，小提琴家把琴从肩上拿了下来，并深深地吸了一口气，接着满脸笑容地走下台。

这个举动令所有人都感到诧异，没有人知道发生了什么事。

小提琴家说："你们知道吗，这个孩子拉得太好了，我恐怕没有资格指导他。最起码在这首曲子上，我的表演将会是一种误导。"

这会儿大家都明白了他宽阔的胸襟，顿时响起一阵热烈的掌声，送给学生，更送给这位小提琴家。有容乃大，当小提琴家能接受学生更优于他的事实之时，在他身上也正体现出令人赞叹的大师风采。

他不受盛名所累，也不被人们的目光限制，充分地表现出可贵的谦逊与一切只为音乐的赤诚之心。

这些才是他受人尊重的地方，或许更甚于他的琴艺。

第二辑

呼唤从容

宠辱不惊，闲看庭前花开花落；去留无意，漫观天外云卷云舒。红尘万丈，体味人情冷暖，感受世态炎凉。以平常之心处世度人，以从容之态演绎人生。从容是一种修炼，它不只表现于生命在得意之时豁达、稳健，更在于陷入不幸时的坦然与沉静，这是一种人生的境界。

平常心是道

三伏天，禅院的草地枯黄了一大片。

“快撒些草籽吧，好难看啊。”徒弟说。

“等天凉了。”师父挥挥手，“随时。”

中秋，师父买了一大包草籽，叫弟子去播种。

秋风突起，草籽飘舞，“不好，许多草籽被吹飞了。”小和尚喊。“没关系，吹去者多半中空。撒下也不会发芽，”师父说，“随性。”

撒完草籽，几只小鸟即来啄食，小和尚又急。

“没关系，草籽本就多准备了，吃不完，”师父继续翻着经书，“随遇。”

半夜一阵大雨，弟子冲进禅房：“这下完了，草籽被冲走了。”

“冲到哪儿，就在哪儿发芽，”师父正在打坐，眼皮都没有抬，“随缘。”

半个多月过去了，光秃秃的禅院长出青苗，一些未播种之院角也泛出绿意，弟子高兴得直拍手。

师父拱手站在禅房前，点点头：“随喜。”

禅师的这份平常心，看似随意，其实却是洞察了世间玄机后的豁然开朗。为什么我们在心境上，会反复振荡于浮躁、得意、狂喜、傲慢、迷茫、不安、沮丧、焦虑、恐惧甚至绝望之间？恐怕是因为当我们还是一张白纸时，被灌输了过于狭隘的价值观，树立了急功近利的成就导向。

怀雄心壮志，当然能做事；但怀平常心，有时也能把事做得更多更好，因为他心无滞碍，自然能发挥出全部潜力。

如果一个人，真的能放下急功近利的浮躁，顺应自然之道，以关心服务他人为己任，认认真真地做好力所能及的事，抱着互惠互利的原则与周边环境协调发展，而不是片面地急于从别人那里索取利益和关注，他还会在快速多变的竞争环境中，动辄患得患失，以致如秋雨中瑟缩的叶子般，宠辱“皆”惊，阵脚纷乱吗？平常心是道，综观古今中外，真正的高手，都是那些能以平常心之缰牢牢地驾驭雄心壮志这匹烈马的人。所谓“像一个凡人那样活着，像一个诗人那样体验，像一个哲人那样思考”。

开放你的心灵

玛丽的丈夫因脑瘤去世后，她变得郁郁寡欢，脾气暴躁，以后的几年，她的脸一直紧绷绷的。

一天，玛丽在小镇拥挤的路上开车，忽然发现一幢房子周围竖起一道新的栅栏。那房子已有一百多年的历史，颜色变白，有很大的门廊，过去一直隐藏在路后面。如今马路扩展，街口竖起了红绿灯，小镇已颇有些城市的味道，只是这座漂亮房子前的大院已被蚕食得所剩无几了。

可泥地总是打扫得干干净净，上面绽开着鲜艳的花朵。一个系着围裙、身材瘦小的女人，经常会在那里，侍弄鲜花，修剪草坪。

玛丽每次经过那房子，总要看看迅速竖立起来的栅栏。一位年老的木匠还搭建了一个玫瑰花阁架和一个凉亭，并漆成雪白色，与房子很相称。

一天她在路边停下车，长久地凝视着栅栏。木匠高超的手艺令她惊叹不已。她实在不忍离去，索性熄了火，走上前去，抚摸栅栏。它们还散发着油漆味。里面的那个女人正试图开动一台割草机。

“喂！”玛丽一边喊，一边挥着手。

“嘿，亲爱的。”里面那个女人站起身，在围裙上擦了擦手。

“我在看你的栅栏。真是太美了。”

那位陌生的女子微笑道：“来门廊上坐一会吧，我告诉你栅栏的故事。”

她们走上后门台阶，当栅栏门打开的那一刻，玛丽欣喜万分，她终于来到这美丽房子的门廊，喝着冰茶，周围是不同寻常又赏心悦目的栅栏。“这栅栏其实不是为我设的。”那妇人直率地说道，“我独自一人生活，可有许多人来这里，他们喜欢看到真正漂亮的东西，有些人见到这栅栏后便向我挥手，几个像你这样的人甚至走进来，坐在门廊上跟我聊天。”

“可面前这条路加宽后，这儿发生了那么多变化，你难道不介意？”

“变化是生活中的一部分，也是铸造个性的因素，亲爱的。当你不喜欢的事情发生后，你面临两个选择：要么痛苦愤怒，要么振奋前进。”当玛丽起身离开时，那位女子说：“任何时候都欢迎你来做客，请别把栅栏门关上，这样看上去很友善。”

玛丽把门半掩住，然后启动车子。内心深处有种新的感受，但是没法用语言表达，只是感到，在她那颗愤怒之心的四周，一道坚硬的围墙轰然倒塌，取而代之的是整洁雪白的栅栏。她也打算把自家的栅栏门开着，对任何准备走近她的人表示出友善和欢迎。没有人会为你设限，人生真正的劲敌，其实是你自己。别人不会对你们封锁沟通的桥梁，可是，如果你自我封闭，又如何能得到别人的友爱和关怀。走出自己的狭小的空间，敞开你的心门，用真心去面对身边的每一个人，收获友情的同时，你眼中的世界会更加美好。

幸福是个哑巴

一女子，憔悴如纸。她无穷尽地向人们抱怨着生活的不公，刚开始人们还有点不以为然，但很快就沉入她洪水般的哀伤之中了。你不得不承认，有些人就是特别的倒霉，灾难好似一群鲨鱼，闻到人伤口的血腥之后，就成群结队而来，肆意啄食他的血肉，直到将那人的灵魂啮成一副白骨。

“从刚开始，我就知道自己这辈子不会有好运气的。”她说。

“你如何得知的呢？”人们问。

“我小时候，一个道士说过——这小姑娘面相不好，一辈子没好运的。我牢牢地记住了这句话。当我找对象的时候，一个出色的小伙子爱上了我。我想，我会有这么好的运气吗？没有的。就匆匆忙忙地嫁了一个酒鬼，他长得很丑，我以为，一个长相丑陋的人，应该多一些爱心，该对我好。但霉运从此开始。”

人们说：“你为什么不相信自己会有好运气呢？”她固执地说：“那个道士说过的……”

人们说：“或许，不是厄运在追逐着你，是你在制造着它。当幸福向你伸出银指的时候，你把自己的手掌藏在背后了，你不敢和幸福击掌。但是，厄运向你一眨眼，你就迫不及待地迎了上去。看来，不是道士预言了你，而是你的不自信引发了灾难。”

她看着自己的手，摩挲着它，迟疑地说：“我曾经有过幸福的机会吗？”人们无言。有些人残酷地拒绝了幸福，还愤愤地抱怨着，认为祥云从未飘过他的天空。幸福很矜持，遭逢的时候，它不会夸张地和我们提前打招呼；离开的时候，也不会为自己说明和申辩。幸福是个哑巴。

积极地选择正面

杰瑞是个不同寻常的人。他的心情总是很好，而且对事物总是有正面的看法。

当有人问他近况如何时，他会答：“我快乐无比。”

他是个饭店经理，却是个独特的经理。因为他换过几个饭店，而有几个饭店侍应生总跟着他跳槽。他天生就是个鼓舞者。

如果哪个雇员心情不好，杰瑞就会告诉他怎么去看事物的正面。

这样的生活态度实在让人好奇，终于有一天有人对杰瑞说，这很难办到！一个人不可能总是看事情的光明面。“你是怎么做到的？”有人问道。

杰瑞答道：“每天早上我一醒来就对自己说，杰瑞，你今天有两种选择，你可以选择心情愉快，也可以选择心情不好。我选择心情愉快。

“每次有坏事发生时，我可以选择成为一个受害者，也可以选择从中学些东西。我选择从中学习。

“每次有人跑到我面前诉苦或抱怨，我可以选择接受他们的抱怨，也可以选择指出事情的正面。我选择后者。”

“是！对！可是没有那么容易吧。”听者立刻声明。“就是有那么容易。”杰瑞答道，“人生就是选择。当你把无聊的东西都剔除后，每一种处境就是面临一个选择。你选择如何去面对各种处境。你选择别人的态度如何影响你的情绪。你选择心情舒畅还是糟糕透顶。归根结底，你自己选择如何面对人生？”

几年后，听说杰瑞出事了：有一天早上，他忘记了关后门，被三个持枪的强盗拦住了。强盗对他开了枪。幸运的是，杰瑞被较早发现，被送进了急诊室。经过 18 个小时的抢救和几个星期的精心照料，杰瑞出院了，只是仍有小部分弹片留在他的体内。

事情发生后 6 个月，一个朋友见到了杰瑞，问他近况如何，他答道："我快乐无比。想不想看看我的伤疤？"

朋友趋身去看了他的伤疤，又问他当强盗来时，他想些什么。

"第一件在我脑海中浮现的事是，我应该关后门。"杰瑞答道，"当我躺在地上时，我对自己说有两个选择：一是死，一是活。我选择了活。"

"你不害怕吗？你有没有失去知觉？"朋友问道。

杰瑞继续说："医护人员都很好。他们不断告诉我，我会好的。但当他们把我推进急诊室后，我看到他们脸上的表情，从他们的眼中，我读到了'他是个死人'。我知道我需要采取一些行动了。"

"你采取了什么行动？"朋友赶紧问。

"有个身强力壮的护士大声问我问题，她问我有没有对什么东西过敏。我马上答，有的。这时，所有的医生、护士都停下来等着我说下去。我深深地吸了一口气，然后大声吼道：'子弹！'在一片大笑声中，我又说道：我选择活下来，请把我当活人来医，而不是死人。"

杰瑞活了下来，一方面要感谢医术高明的医生，另一方面得感谢他那惊人的生活态度。任何一件事情发生后，都会有两种"选择"供你选择，"快乐无比"的杰瑞总是积极地选择正面，我们有什么理由去选择反面呢？

顺应自然

世界建筑大师格罗培斯设计的迪斯尼乐园马上就要对外开放了，然而各景点之间的路该怎样连接还没有具体方案。格罗培斯心里十分焦躁。巴黎的庆典一结束，他就让司机驾车带他去地中海滨。

汽车在法国南部的乡间公路上奔驰，这里漫山遍野到处都是当地农民的葡萄园。当他们的车子拐入一个小山谷时，发现那儿停着许多车子。原来这是一个无人葡萄园，你只要在路边的箱子里投入5法郎就可以摘一篮葡萄上路。据说这是当地一位老太太的葡萄园，她因无力料理而想出这个办法。谁知在这绵延上百里的葡萄产区，总是她的葡萄最先卖完。这种给人自由，任其选择的做法使大师深受启发。

回到住地，他给施工部拍了份电报：撒上草种，提前开放。

在迪斯尼乐园提前开放的半年里，草地被踩出许多小道，这些踩出的小道有宽有窄，优雅自然。第二年，格罗培斯让人按这些踩出的痕迹铺设了人行道。1971年在伦敦国际园林建筑艺术研讨会上，迪斯尼乐园的路径设计被评为世界最佳设计。在这个世界上，不知道该怎么办的时候，选择顺其自然，也许是最佳选择。同样地，人在生活无所适从的时候，选择顺其本性，也许不失为聪明之举。

摒弃偏见

很久很久以前，有两兄弟各自办了些货物，出门去做买卖，走着走着，来到一个国家。这个国家的人都不穿衣服，称作“裸人国”。

弟弟说：“这儿的风俗习惯与我们完全不同，要想在这儿做好买卖，可实在不容易啊！不过俗话说：‘入乡随俗。’只要我们小心谨慎、讲话谦虚，照着他们的风俗习惯办事，想必不会有什么问题。”

哥哥却说：“无论到什么地方，礼义不可不讲，德行不可不求。难道我们也光着身子与他们往来吗？这太伤风败俗了。”弟弟说：“古代不少贤人，虽然形体上有所变化，但行为却十分正直。所谓‘殒身不殒行’，这也是戒律所允许的。”

哥哥说：“这样吧！你先去看看情形如何，然后派人告诉我。”弟弟答应道：“是！”于是先进入裸人国。

过了十来天，弟弟派人告诉哥哥：“一定得按当地的风俗习惯，才能办得成事。”哥哥生气地叫道：“不做人，而要照着畜生的样子行事，这难道是君子应该做的吗？我绝不能像弟弟这样做。”

裸人国的风俗，每月初一、十五的晚上，大家用麻油擦头，用白土在身上画上各种图案，戴上各种装饰品，敲击着石头，男男女女手拉着手，唱歌跳舞。弟弟也学着他们的样子，与他们一起欢歌曼舞。裸人国的人们，无论是国王还是普通百姓，都十分喜欢这个弟弟，关系非常融洽。国王买下弟弟带去的全部货物，并付给他 10 倍的价钱。

哥哥也来了，他满口仁义道德，指责裸人国的人这也不对，那也不好，引起国王及人民的愤怒，大家把他抓住，狠狠地揍了一顿，全部财物也都被抢走。全亏了弟弟说情，才把他放开。兄弟两人准备动身回国，裸人国的人都热情地跑来为弟弟送行，对哥哥却是骂不绝口。哥哥气坏了，却也无可奈何。俗话说，入乡随俗。你在异地认识一些新朋友，就必须做到入乡随俗，才能更好地开展新的友谊。学会一些简单的当地语言，如“你好”；学会品尝当地的美食；学会尊重当地的礼节，这些并不要求你改变自己原有的习惯小节，而会帮助你尽快地得到他人的喜爱和赏识。

征服自己的精神

有个小和尚什么事情都发愁。他之所以忧虑，是因为觉得自己太瘦了；因为他觉得自己现在过的生活不够好；他很担忧他给别人不好的印象；他很担忧，因为他觉得自己得了胃病，他无法读经书……

小和尚决定到九华山去旅行，希望换个环境能够对他有所帮助。他上路前，师父交给他一封信并告诉他，等到了九华山之后再打开看。

小和尚到九华山后觉得比在自己的庙里更难过，因此，他拆开那封信，看看师父写的是什么。

师父在信上写道："徒儿，你现在离咱们的寺庙三百多里，但你并不觉得有什么不一样，对不对？我知道你不会觉得有什么不同，因为你还带着你的有麻烦的根源——也就是你自己。

"无论你的身体或是你的精神，都没有什么毛病，因为并不是你所遇到的环境使你受到挫折，而是由于你对各种情况的想象。总之，一个人心里想什么，他就会成为什么样子；当你了解这点以后，就回来吧。因为那样你就医好了。"

他师父的信使他非常生气，小和尚觉得自己需要的是同情，而不是教训。

当时，他气得马上决定永远不回自己的庙了。那天晚上，经过一座小庙，因为没有别的地方好去，小和尚就进去和一位老和尚聊了一个时辰。老和尚反复强调的是："能征服精神的人，强过能攻城占地。"

小和尚坐在蒲团上，聆听着老和尚的教诲，听到和他师父同样的想法——这一来就把他脑子里所有的胡思乱想一扫而空了。

小和尚觉得自己第一次能够很清楚而理智的思想，并发现自己真的是一个傻瓜——他曾想改变这个世界和全世界上所有的人——而唯一真正需要改变的，只是自己的心态。

第二天清早，小和尚就收拾行囊回庙去了。

当晚，他就平静而愉快地读起了经书。人的内心平静不在于你身在何处。从生活中得到快乐也不在于你的身边是什么样的人。只要你有积极健康的心态，就能够实现自己的心愿。

不要偏离轨道

有一天，上班时间，有一位气质极好、一看就属白领阶层的青年女子来找一位同事。正巧同事不在，她留下了姓名。等同事回来，同屋的人把情况作了通报，还意犹未尽地说了一通“不去当演员，可惜了”之类的惋惜话。同事笑道：“你怎么知道她没有去当演员？事实上她不仅做过演员，而且还曾与一个非常重要的角色失之交臂过呢。”说着他报出了那个角色。同屋的人的心里猛然一震：那可是个令一名当年原本无名的女演员一夜之间红得发紫的角色啊！

而她是怎样错过的呢？当时，慧眼识珠的导演挑女主角，挑来挑去，最后只剩下两位候选人：她与日后走红的那位。论外形和气质，非她莫属。然而她脸上几颗隐瞒不了的青春痘造成了导演的犹豫。导演虽然有些犹豫，但还是偏向她的，不巧这时外界又传出了她与导演有染的流言。一贯无瑕的她一赌气，退出竞争，旋即又辞职，匆匆地从南边打道回府了。

10 年来，她远离机会频频、可以尽展才华的演艺界，成了一名普通的白领。偏离了自己真正的轨道，从事着自己并不真心喜欢的职业，其中郁积的遗憾和委屈又岂是一口气能赌掉的？况且，她的婚姻也因之而并不幸福。

小时候，听过一个故事，说的是从前有一个人提着网去打鱼，不巧这时下起了大雨，他一赌气将网撕破了。网撕破了还不够，又因气恼一头栽进了池塘，再也没有爬上来。小时候，想世上哪有这样的智力障碍者，这一定是个哄人的故事。现在想起来，这个故事还是很有意义的。

下雨不能打鱼，等天晴就是了。不要让一场雨下进灵魂里，不要让一口气久久不蒸发，从而输掉青春、爱情、可能的辉煌和一伸手就能摘到的幸福。

放下无谓的固执

两个贫苦的樵夫靠上山捡柴糊口。有一天，他们在山里发现两大包棉花，两人喜出望外。棉花的价格高过柴薪数倍，将这两包棉花卖掉，可供家人一个月衣食丰足。当下，两人各自背了一包棉花，赶路回家。

走着走着，其中一名樵夫眼尖，看到山路有着一大捆布。走近细看，竟是上等的细麻布，有十多匹。他欣喜之余，和同伴商量，一同放下肩负的棉花，改背麻布回家。

他的同伴却有不同的想法，认为自己背着棉花已走了一大段路，到了这里丢下棉花，岂不枉费自己先前的辛苦？坚持不换麻布。先前发现麻布的樵夫屡劝同伴不听，只得自己竭尽所能地背起麻布，继续前行。

又走了一段路后，背麻布的樵夫望见林中闪闪发光，待走近一看，地上竟然散落着数坛黄金，心想这下真的发财了。赶忙邀同伴放下肩头的棉花，改用挑柴的扁担来挑黄金。

同伴仍是不愿丢下棉花，并且怀疑那些黄金不是真的，劝发现黄金的樵夫不要白费力气，免得到头来一场空欢喜。

发现黄金的樵夫只好自己挑了两坛黄金和背棉花的伙伴赶路回家。走到山下时，无缘无故下了一场大雨，两人在空旷处被淋了个湿透。更不幸的是，背棉花的樵夫肩上的大包棉花吸饱了雨水，重得无法再背动，那樵夫不得已，只能丢下一路辛苦舍不得放弃的棉花，空着手和挑黄金的同伴回家去。

在人生的每一次关键时刻，审慎地运用您的智慧，做最正确的判断，选择属于您的正确方向。同时，别忘了随时检视自己选择的角度是否产生偏差，适时地进行调整，千万不能像背棉花的樵夫一般，只凭一套哲学，便欲强渡人生所有的关卡。时时留意自己执着的意念是否与成功的法则相抵触，追求成功，并非意味着您必须全盘放弃自己的执着，去迁就成功法则。只需您在意念上做合理的修正，使之契合成功者的经验及建议，即可走上成功的轻松之道。放下无谓的固执，冷静地用开放的心胸去做正确的抉择。正确无误的选择将指引您永远走在通往成功的坦途上。

十年三文钱

从前有两位小和尚，一个姓黑，一个姓白，为了拜师学艺，作进一步的修炼，因而讨论各自分开去寻求名师，但他们俩也约定好，10 年后的今天，他俩一定再回到分手位置的渡船码头，不见不散。

岁月如梭，10 年一晃就过去了！两人依约回到渡船码头见了面，白和尚问黑和尚说：“黑老大！你的功夫一定很精进，你老兄练就了什么绝活儿呢？”

黑和尚很自豪地说：“我拜了一位达摩禅师的传人为师，练就了‘芦苇渡江’的无上功夫，现在就让你开开眼界！”说完后立刻摘下一根芦苇草，丢入江中，乘着芦苇草渡江而过；等白和尚也跟着其他的人，坐着渡船过江，两人刚一碰面，黑和尚就很得意地向白和尚说：“白老弟，你看如何？伟大不伟大？你老弟练了什么无上的功夫？赶快也露一手，让洒家瞧一瞧！”

白和尚很不好意思地左瞧瞧右瞧瞧，才低声地说：“我好像什么都没有练，咱师父教咱每天只管认真地吃饭，认真地睡觉，专心一意地当和尚，连敲钟念经都要很专一,万般事情努力去做，而后一切随缘而行！咱师父说这是无上的‘智能与心法’，我也不知道对不对！”

黑和尚听了之后，哈哈大笑，没好气地大声说道：“这也算是功夫？你这10年都白混了？”

白和尚听了这话后，先露出不置可否的表情，然后正经八百地问黑和尚：“黑大哥，你还练了其他功夫吗？”

黑和尚用很难以置信的眼神，瞄了白和尚一眼，回问白和尚说：“老弟啊！难道我用10年的时间，练就达摩神功的‘芦苇渡江术’还不算够精进吗？”

白和尚搔了一搔头，自言自语地回答：“黑大哥，你是很厉害！可是我只付给船夫三文钱就可以渡江，为什么你要花10年的时间去练它？难道你的10年工夫只值三文钱？”

黑和尚当场愣住了，哭丧着脸，一下子不知如何回答！

“要是没有船呢？”黑和尚的师父不知何时来了，他突然朗声说道。

这回该白和尚语塞了。对于自己的所能，不应该狂妄自大。对于自己的缺陷，也不要妄自菲薄。应该珍惜自己所拥有的，对于他人的所长，也应该以大气的心怀去欣赏，并且还要以平和的心态看待别人对自己的评价。

拥抱生活

某国一位著名的女高音歌唱家，芳龄仅仅三十多岁就已经红得发紫，誉满全球。

一次她到邻国来开独唱音乐会，入场券早在一年以前就被抢购一空，当晚的演出也受到极为热烈的欢迎。演出结束之后，歌唱家和丈夫、儿子从剧场里走出来的时候，一下子被早已等在那里的观众团团围住。人们七嘴八舌地与歌唱家攀谈着，其中不乏赞美和羡慕之词。

有的人恭维歌唱家大学刚刚毕业就开始走红进入了国家级的歌剧院，成为扮演主要角色的演员；有的人恭维歌唱家有个腰缠万贯的某大公司老板做丈夫，而膝下又有个活泼可爱、脸上总带着微笑的小男孩……

在人们议论的时候，歌唱家只是在听，并没有表示什么。等人们把话说完以后，才缓缓地说："我首先要谢谢大家对我和我的家人的赞美，我希望在这些方面能够和你们共享快乐。但是，你们看到的只是一个方面，还有另外的一个方面没有看到。那就是你们夸奖活泼可爱、脸上总带着微笑的这个小男孩，不幸是一个不会说话的哑巴，而且，在我的家里他还有一个姐姐，是需要长年关在装有铁窗房间里的精神分裂症患者。"

歌唱家的一席话使人们震惊得说不出话来，你看看我，我看看你，似乎是很难接受这样的事实。上帝是公平的，给予每一个人的欢乐与痛苦都与他的付出成正比。有时我们所拥有的，别人不一定拥有，每个人有他自己拥有的长处，每个人也都有他自身的不足，所以，我们不必为别人的拥有而失意，应该多为自己的拥有而开怀。

苹果的诱惑

有两个人十分要好，彼此不分你我。一日他们走进了沙漠，干渴威胁着他们的生命。上帝为了考验他们的友情，就对他们说：前面的树上有两个苹果，一大一小；吃了大的就能平安走出沙漠。两人听了，就都让对方吃那个大的，坚持自己要吃小的。争执到最后，谁也没说服谁，两人都迷迷糊糊睡着了。

不知过了多长时间，其中一个突然醒来，却发现他的朋友早向前走了。于是他急忙走到那棵树下，发现两个苹果只剩下了一个。摘下来一看，很小很小。他顿时感到朋友欺骗了他，便怀着悲愤与失望的心情向前走去。

突然，他发现朋友在前面昏倒了，便毫不犹豫地跑了过去，小心地将朋友轻轻抱起。这时他惊异地发现：朋友手中紧紧地攥着一个苹果，而那个苹果比他手中的小了许多。

他们经受住了上帝的考验。抵挡住苹果的诱惑，经受住沙漠的考验，什么是真正的友情，便给了我们真正的答案。

识破谄媚

从前，有一个人，在许多人面前，赞美他父亲的德行，说他父亲的心很仁慈，不曾损害别人，也从未掠夺过别人的财物，待人很是公正直爽，不说谎话，而且看到别人有困难的时候，还肯帮助人家。

当时，在场的还有一个智障者，也想赞美自己的父亲一番，于是就说：“我父亲的德行，还胜过你的父亲呢。”

大家忙问智障，他的父亲都有哪些德行？智障回答说：“我的父亲从小以来就断绝淫欲，不干那种事的。”大家听了都哄笑起来，说道：“你的父亲如果这样，那么他怎样会生出你来呢？”人之谄媚，或为功名利禄，或为巧取掠夺，或为弄权争宠，只要对自己有好处，就可以不要良心，不讲道德，不顾礼义廉耻，挖空心思，绞尽脑汁，无所不用其极。有的人自甘堕落，也有的人识不破，一旦树倒猢狲散，才如梦方醒。

不值得生气

古时有一位妇人，特别喜欢为一些琐碎的小事生气。她也知道自己这样不好，便去求一位高僧为自己谈禅说道，开阔心胸。

高僧听了她的讲述，一言不发地把她领到一座禅房中，落锁而去。

妇人气得跳脚大骂。骂了许久，高僧也不理会。妇人又开始哀求，高僧仍置若罔闻。

妇人终于沉默了。高僧来到门外，问她：“你还生气吗？”

妇人说：“我只为我自己生气，我怎么会到这地方来受这份罪。”

“连自己都不原谅的人怎么能心若止水？”高僧拂袖而去。

过了一会儿，高僧又问她：“还生气吗？”

“不生气了。”妇人说。

“为什么？”

“气也没有办法呀。”

“你的气并未消逝，还压在心里，爆发后将会更加剧烈。”高僧又离开了。

高僧第三次来到门前时，妇人告诉他：“我不生气了，因为不值得气。”

“还知道值不值得，可见心中还有衡量，还是有气根。”高僧笑道。

当高僧的身影迎着夕阳立在门外时，妇人问高僧：“大师，什么是气？”

高僧将手中的茶水倾洒于地。妇人视之良久，顿悟。叩谢而去。生气就是用别人的过错来惩罚自己的蠢行。一位高僧说：“气便是别人吐出而你却接到口里的那种东西，你吞下便会反胃，你不看它时，它便会消散了。”既然如此，何苦要生气呢？

自然即是美

皱纹似乎是女人的大敌，然而又似乎是女人的必需。不能想象一个当了奶奶的女人如果面容光洁如玉，没有一丝皱纹会是个什么情形。

一天，她正和夫君肆无忌惮地说笑，他忽然静寂下来，呆呆地望着她的脸。许久，他叹了口气：“你有皱纹了。”虽也料到如此，然而她心中还是兀自一惊。端镜细照，果见一条游丝般的细痕在眼角悄萌。片刻之后，她若无其事地回首笑道：“我嫌它太浅了些。再深些才有成熟美呢。”夫君没有答言，只伸出手掌轻轻地抚着那条细痕，仿佛要将它从她脸上拭去似的。而他的眼角，又杂又碎的细纹已晰然有迹。

此后，凡是遇人，她都极注意他们脸上的皱纹：男人的，女人的，姑娘的，少妇的，演员的，农民的，老人的，甚至孩子的。她发现绝大部分人脸上都有皱纹。或深或浅，或隐或现，或细或粗。皱纹仿佛是他们所经过的一段段历程的铭刻和缩影，又仿佛是隔断他们昨天和今天的河床和沟壑，更仿佛是他们用生命孕育出的凝练而简约的花束。踏踏实实地走过一段段路，用心搭起一座座跨越沟河的桥，结晶成自然之蕊的芳菲和馨香，真美，真好。人有皱纹并不可怕，可怕的是该有皱纹的时候没有皱纹——终日如履薄冰地用化妆品保持自己的娇媚，受用着几许揪心的干巴巴的快乐，如泡在水里的卷了瓣的玫瑰花，硬撑个什么劲呢？

摇不下的树叶

当他还是一个小男孩的时候，家后面有一大片树林。起风的时候，林中的树叶随风飘扬，有时会飞入厅堂和灶间。于是，他的父亲要他每天上学前将树叶打扫干净。

对他来说，天刚亮就起床扫落叶实在是一件苦差。尤其是秋冬之际，林间的树叶好像互相约定好似的，总是不停地落下来。每天花大量时间打扫落叶，让男孩厌倦不已。但农家的孩子，又怎敢无视父亲的规定呢？

后来，男孩从别人那里得到一个好主意，那就是扫地之前，先将树使劲摇摇，这样就可以将第二天的树叶摇下来。如此一来，岂不省事许多？这个主意令男孩兴奋不已，于是他起了个大早，扫地之前使劲将树摇了又摇。摇到一半时男孩已满头大汗，这才发现摇树比扫地更累，尤其要把第二天的叶子摇落，真不是件简单的事。但男孩毕竟做了一件让自己满意的事，那一天他非常开心。

第二天，他起得更早。谁知他到林间一看，依然是落叶满地。男孩傻了眼，可他还不死心，依然抱着树摇了又摇。但无论男孩怎样用力，第二天清晨，总会看到满地的落叶。无论今天怎样用力，明天的树叶还是不会落下来啊！无论未来有怎样远大的梦想，活在当下、活在今天才是生命中最实在的态度。

就像佛家所言：饥来吃饭，困来即眠，便是禅了。

不要“走得太快”

从前有个年轻的农夫，他要与情人约会。小伙子性急，来得太早，又不会等待。他无心观赏那明媚的阳光、迷人的春色和娇艳的花姿，却急躁不安，一头倒在大树下长吁短叹。

忽然他面前出现了一个老和尚，“我知道，你为什么闷闷不乐，”老和尚说，“拿着这纽扣，把它缝在衣服上。你要遇着不得不等待的时候，只消将这纽扣向右一转，你就能跳过时间，要多远有多远。”

这倒合小伙子的胃口。他握着纽扣，试着一转：啊，情人已出现在眼前，还朝他笑送秋波呢！真棒哎，他心里想，要是现在就举行婚礼，那就更棒了。他又转了一下：隆重的婚礼，丰盛的酒席，他和情人并肩而坐，周围管乐齐鸣，悠扬醉人。他抬起头，盯着妻子的眸子，又想：现在要只有我们俩该多好！他悄悄转了一下纽扣：立时夜阑人静……他心中的愿望层出不穷：我们应有座房子。他转动着纽扣：夏天和房子一下子飞到他眼前，房子宽敞明亮，迎接主人。我们还缺几个孩子，他又迫不及待，使劲转了一下纽扣：日月如梭，顿时已儿女成群。他站在窗前，眺望葡萄园，真遗憾，它尚未果实累累。偷转纽扣，飞越时间。脑子里愿望不断，他又总急不可待，将纽扣一转再转。生命就这样从他身边疾驶而过。还没来得及思索其后果，他已老态龙钟，衰卧病榻。至此，他再也没有要为之而转动纽扣的事了。回首往日，他不胜追悔自己的性急失算：我不愿等待，一味追求满足，恰如馋嘴人偷吃蛋糕里的葡萄干一样。眼下，因为生命已风烛残年，他才醒悟：即使等待，在生活中亦有其意义，唯其有它，愿望的满足才更令人高兴。他多么想将时间往回转一点啊！

他握着纽扣，浑身颤抖，试着向左一转，扣子猛地一动，他从梦中醒来，睁开眼，见自己还在那生机勃勃的树下等着可爱的情人，然而现在他已学会了等待。一切焦躁不安已烟消云散。他平心静气地看着蔚蓝的天空，听着悦耳的鸟语，逗着草丛里的甲虫。他以等待为乐。在生命的旅途中，走得太快，就会错过好的风景。慢慢地探寻才能够真诚的享受到人生的乐趣。既然如此，我们就应该学会在过程中享受，而不要迫不及待地企盼结果。即使等待，在生活中亦有其意义，唯其有它，愿望的满足才更令人高兴。

人生中的“红绿灯”

从孩提时，命运之神就好像特别跟迈克过不去。

4 岁那年，迈克父母在一次车祸中死去，他被寄养在一个远房舅舅家。舅舅对他很刻薄，吆喝打骂是家常便饭。迈克懂事很早，学习非常用功，成绩出类拔萃，考上了一所名牌大学的热门专业。但毕业那年，全国的经济形势都不好，辛苦找了一年工作，却丝毫没有着落。

对迈克最好的，是那位六十多岁的房东老太太，满头白发下，仍然能看出那份安详与高贵。每次迈克回来，她都会开门高兴地招呼他，尽管迈克自己有钥匙可以开门。看到迈克沮丧的样子，老太太总是安慰道："迈克，事情没那么糟糕，一切都会好起来的。"迈克每次心里都很感动，但是他觉得，老太太根本就不会知道他的难处。他想，如果他能像她那样，每天最重要的事，就是看着马路上川流不息的车辆，以及熙熙攘攘的人群，他也一定会这样快乐。

有一天，迈克看着老太太出神的样子，不由得纳闷：在她的思想里，到底装着一个怎样的世界呢？那马路上每天都如此单调，对迈克来说，实在没有什么可看的。他终于禁不住地问她："您每天都在看什么呢？有什么有意思的事情吗？"

老太太笑眯眯地望着迈克："孩子，那马路上的红绿灯，写下的是无数行人生命的征程，怎么会没有意思呢？"

"那有什么好看的呢？不就是红绿灯吗？"迈克还是不解。

"孩子，你还不明白。这人生呀，就像那红绿灯，一会儿红，一会儿绿。红的时候呀，就没法动了，动了就会出交通事故；绿的时候呢，就一路通畅无阻。"老太太顿了顿，"有时你远远看着那灯是绿的，等车子加速到了跟前，却可能突然就红了。有时远看是红的，到了跟前就变绿了。有的车到每个路口，都可能是绿灯变红灯，有的车到每个路口，都是红灯变绿灯。可是呀，他们最终都同样离开了这里，朝着遥远的地方去了。有了这红绿的变换，人生的步伐才有快慢调整，人生的景色才有五彩斑斓。为什么要为一次红灯而焦虑不安，或为一次绿灯而兴奋不已呢。"

迈克总算明白，原来自己一直在人生的路口撞着红灯，而绿灯总会闪起，远方依然在召唤。带着对老太太的感激，迈克开始了新的努力。

40 岁那年，迈克成了美国最著名的电脑经销商，拥有亿万家产。在哈佛大学演讲那天，在如雷的掌声中，他没有忘记当年那位房东老太太的教诲。他平静地说道，自己只不过是遇上了人生的绿灯而已。成功的时候，不要忘记人生还有红灯；失败的时候，不要忘记前边可能就是绿灯。成败体现不出一个人的价值，只是一种规律作用下的必然结果。无论成败，你都还有自己的价值，它比单纯的成败更值得重视。

处之泰然

有位修行很深的禅师叫白隐，无论别人怎样评价他，他都会淡淡地说一句：就是这样吗？

在白隐禅师所住的寺庙旁，有一对夫妇开了一家食品店，家里有一个漂亮的女儿。无意间，夫妇俩发现女儿的肚子大了起来。这种见不得人的事，使得她的父母震怒异常！在父母的一再逼问下，她终于吞吞吐吐地说出“白隐”两字。

她的父母怒不可遏地去找白隐理论，但这位大师不置可否，只若无其事地答道：“就是这样吗？”孩子生下来后，就被送给白隐。此时，他的名誉虽已扫地，但他并不以为然，只是非常细心地照顾孩子——他向邻居乞求婴儿所需的奶水和其他用品，虽不免横遭白眼，或是冷嘲热讽，他总是处之泰然，仿佛他是受托抚养别人的孩子一样。

事隔一年后，这位没有结婚的妈妈，终于不忍心再欺瞒下去了。她老老实实地向父母吐露真情：孩子的生父是住在同一幢楼里的一位青年。

她的父母立即将她带到白隐那里，向他道歉，请他原谅，并将孩子带回。

白隐仍然是淡然如水，他只是在交回孩子的时候，轻声说道："就是这样吗？"仿佛不曾发生过什么事；即使有，也只像微风吹过耳畔，霎时即逝！

白隐为给邻居女儿以生存的机会和空间，代人受过，牺牲了为自己洗刷清白的机会，受到人们的冷嘲热讽，但是他始终处之泰然。"就是这样吗？"这平平淡淡的一句话，就是对"宠辱不惊"最好的解释，而我们现代人缺乏的正是这一点。无论身处顺境还是逆境，都应保持从容的心态，清醒理智地面对现实。

第三辑

难得糊涂

人生不如意事常八九，可与言者无二三。在生活中，不如意的事常常占了人生中的大部分空间，而在交往中能够成为知己，成为能够为之倾诉对象的朋友却很少。一味地与生活较真儿只会让自己更加悲观、失望，丧失对生活的信心。这时不妨糊涂一把，以中庸的哲学面对生活，也许我们无力改变一些既成事实，但我们可以改变的是看待这些事情的态度。

一笑了之

阿根廷著名的高尔夫球手罗伯特·德·温森多有一次赢得一场锦标赛。领到支票后，他微笑着从记者的重围中出来，到停车场准备回俱乐部。这时候一个年轻的女子向他走来。她向温森多表示祝贺后又说她可怜的孩子病得很重——也许会死掉——而她却不知如何才能支付昂贵的医药费和住院费。

温森多被她的讲述深深打动了。他二话没说，掏出笔在刚赢得的支票上飞快地签了名，然后塞给那个女子。

“这是这次比赛的奖金。祝可怜的孩子好运。”他说道。

一个星期后，温森多正在一家俱乐部进午餐，一位职业高尔夫球联合会的官员走过来，问他一周前是不是遇到一位自称孩子病得很重的年轻女子。

“是停车场的孩子们告诉我的。”官员说。

温森多点了点头。

“哦，对你来说这是个坏消息，”官员说道，“那个女人是个骗子，她根本就没有什么病得很重的孩子。她甚至还没有结婚哩！温森多——你让人给骗了！我的朋友。”

“你是说根本就没有一个小孩子病得快死了？”

“是这样的，根本就没有。”官员答道。

温森多长吁了一口气。“太好了，又一个小孩脱离了生命危险。这真是我一个星期来听到的最好的消息。”温森多说。珍惜生命，不管它是谁的，就像珍惜自己生命中所有的一切，所有美好的，不如意的，不管是什么，都是生命的一部分，都是来自活着的最好消息。

活的粗糙点儿

休息了两天，星期一上班，却见同事无精打采，一脸疲倦，我问她这两天忙什么了？她说：整理房间，清理柜橱，大清扫，洗衣服、被褥、床单、窗帘，擦门窗、桌柜、地板，两天没闲着，比上班还忙。我想，以前去过她家，特别干净，名副其实得一尘不染，可以和星级酒店媲美。

就像广告上说的，能够有一个五星级的家当然是好，可是要看看付出的代价是不是太大。有的人为了装饰一个值得自豪的家，省吃俭用，置办高档家什，有了够星级的家，又得打扫除尘，天天忙个不停，这并不是一件合算的事。记得有一位名人说过：并非所有的事情都值得全心全意做。从这个意义上说：人，不如活得粗糙一点儿。家是休息的地方，相对舒适整洁一些就可以了。

活得粗糙点，就是多爱自己一点。家务活少干一点，朋友也不必多多益善。人说，多个朋友多条路，其实，也不全是那么回事。有时，朋友太多了并不见多了路，反而多了许多负担。世界太大了，想做的事太多了，可是人生太有限了，能做得过来吗？许多人在许多事情上把自己弄得精疲力尽，等到了真该做点什么的时候已经力不从心了。人说难得糊涂，其实是在细枝末节的事上粗糙点，留着精力留着体力去做真正有意义，有价值的事。

和为贵

一位名叫汉斯的卖砖商人，由于另一位对手的竞争而陷入困境。对方在他的经销区域内走访建筑师与承包商，告诉他们：汉斯的公司不可靠，他的砖块不好，生意也面临即将歇业的境地。虽然汉斯对别人说他并不认为对手会严重伤害到他的生意。但是这件麻烦事使他心中生出无名之火，真想“用一块砖来敲碎那人肥胖的脑袋作为发泄”。

有一个星期天早晨，汉斯到教堂听牧师讲道，那天的主题是：要施恩给那些故意跟你为难的人。他把每一个字都仔细听了。就在上个星期五，他的竞争者使他失去了一份25万块砖的订单。但是，牧师却教人们要以德报怨，化敌为友，而且他举了很多例子来证明他的理论。当天下午，汉斯在安排下周日程表时，发现住在弗吉尼亚州的一位他的顾客，正因为盖一间办公大楼需要一批砖，而所指定的：型号却不是他们公司制造供应的，但是与他的竞争对手出售的产品很类似。同时，他也确定那位满嘴胡言的竞争者完全不知道有这笔生意机会。这使汉斯感到为难，是要遵从牧师的忠告，告诉给对手这项生意的机会，还是按自己的意思去做，让对方永远也得不到这笔生意？汉斯的内心挣扎了一段时间，牧师的忠告一直盘踞在他心里。最后，也许是因为很想证实牧师是错的，他拿起电话拨到竞争对手家里。

接电话的人正是那个对手本人，当时他拿着电话，难堪得一句话也说不出来。汉斯很礼貌地告诉他有关弗吉尼亚州的那笔生意。结果，那个对手很是感激汉斯。

汉斯说：“我得到了惊人的结果，他不但停止散布有关我的谎言，而且甚至还把他无法处理的一些生意转给我做。我们成了朋友，双方的事业都在进步。志向高远的人，必定视野开阔。豁达大度的人，必能以大局为重，不计较一时一事的得失荣辱。以德报怨，化敌为友，这也是迎战那些终日想要让你难堪的人所能采用的最上策。”

退一步是为了进两步

周毅是一个化妆品公司的推销员，周毅的公司几次想与另一个化妆品公司合作都未如愿。经过周毅的不懈努力，该公司终于答应与周毅的公司合作！有一个要求：要在其化妆品广告词中加上该公司的名字。

周毅的公司老总不同意，认为这是花钱替别人做广告，协商又陷入僵局，合作公司限周毅的公司两天内回话。

周毅到这个消息，直接找到老总，让他赶紧答应，否则会错失良机。老总不乐意地说：“我坚决不妥协，他们这是以强欺弱。”

周毅认为把产品和一个著名的品牌捆绑在一起是有利的，经他的劝说，老总终于同意了合作的条件。事情像周毅预料的一样，公司的生产蒸蒸日上，销售额直线上升，周毅也因此被提升为业务总经理。

妥协是通往成功的道路，是在冷静中窥视时机，然后准确出击。

妥协是以退让开始，以胜利告终，表相是以对方利益为重，真相是为自己的利益开道。

张鹏拥有一家三星级的宾馆，经朋友介绍，他认识了一名名气很大的导演，导演准备在他的宾馆开一个新闻发布会。

张鹏爽快地同意了，可在租金上不能与对方达成协议。张鹏要价 4 万，导演只答应出 2 万，双方争执不下，朋友劝张鹏：“你怎么这么傻，你只看到了2万，2万背后的钱可不止这个数，他们都是名人，平时请都请不来。”

张鹏还是不妥协，坚持要4万，还对朋友说：“你看你介绍的人，这么苛刻。”朋友生气地说：“我没有你这个目光如豆的朋友。”说完，朋友抛开张鹏，自己走了。

张鹏旁边一家四星级宾馆的总经理听到了这个消息，及时找到导演，说他愿意把宾馆大厅租给导演，而且要价不超过1．5万元。

于是，导演便租了这家四星级宾馆。开新闻发布会那几天除了许多记者、演员外，还有不少慕名而来的影迷，十几层的大楼无一空室。而且因为明星的光临，这家四星级宾馆名声大噪。

张鹏看到这一幕后，后悔得不得了，但一切都晚了，他只能谴责自己目光短浅。妥协不一定意味着放弃努力和宣布失败，积极意义上的妥协是为了伺机行事，出奇制胜，是退一步进两步。

琐事之争

一个年轻人抱怨妻子近来变得忧郁、沮丧，常为一些鸡毛蒜皮的事对他嚷嚷，并开始骂孩子。这都是以前不曾发生的。他无可奈何，开始找借口躲在办公室，不想回家。

这天，他在磨磨蹭蹭的回家途中遇到了一位智者。看着他一脸的沮丧，智者问他怎么了。

青年回答说，为了装饰房间和妻子发生过争吵。他说：“我爱好艺术，远比妻子更懂得色彩，我们为了各个房间的颜色大吵了一场，特别是卧室的颜色。我想漆这种颜色，她却想漆另一种颜色，我不肯让步，因为她对颜色的判断能力不强。”

智者问：“如果她把你办公室重新布置一遍，并且说原来的布置不好，你会怎么想呢？”

“我绝不能容忍这样的事。”青年答道。

于是，智者解释：“你的办公室是你的权力范围，而家庭以及家里的东西则是你妻子的权力范围。如果按照你的想法去布置‘她的’厨房，那她就会有你刚才的感觉，好像受到侵犯似的。当然，在住房布置问题上，最好双方能意见一致，但是，如果要商量，妻子应该有否决权。”

青年人恍然大悟，回家对妻子说：“你喜欢怎么布置房间就怎么布置吧，这是你的权力，随你的便吧！”

妻子大为吃惊，几乎不相信。青年人解释说是一个长者开导了他，他百分之百地错了。

妻子非常感动，后来两人言归于好。只有采取宽以待人的态度，才有助于矛盾的解决。

麻烦人生

《百味人生》中讲过这样一个人的经历：20 岁那年，我任职的公司突然倒闭，我失业了。经理对我说：“你真幸运。”“幸运？”我大叫，“我浪费了两年的光阴，还有 16000 元的薪水没有拿到。”

“真的，你很幸运。”经理继续说，“凡在早年受挫的人都是很幸运的，可以学到鼓起勇气从头做起。运气一直很好，到了四五十岁灾祸临头的人才是可怜，这样的人没学过如何重新做起，这时候来学，年纪已太大了。”

35岁时，一位商业顾问对我说：“不要因为事情的麻烦而抱怨。你的收入多就是因为工作麻烦。一般人不需要负什么责任，没什么麻烦，报酬也少。只有困难的工作，才有丰厚的报酬。”

40岁时，一位哲学家告诉我：“再过5年，你就会有重大发现，那就是，麻烦不是偶然出现的，麻烦就是人生。”

如今我50岁了，回想起这三位朋友的启示，真是至理名言。麻烦就是人生，虽然它不包括人生的全部，但确实给我们以惊醒，告诉我们人生不是一帆风顺的，有时麻烦很多，但我们付出的多，所以获得的也会很多。

忍让

古时候有个叫杨翥的人。一天，杨的邻人丢失了一只鸡，指骂被姓杨的偷去了。家人告知杨翥，杨说：“又不止我一家姓杨，随他骂去。”又一邻居每遇下雨天，便将自家院中的积水排放进杨翥家中，使杨家深受脏污潮湿之苦。家人告知杨翥，他却劝解家人：“总是晴天干燥的时日多，落雨的日子少。”

久而久之，邻居们被杨翥的忍让所感动。有一年，一伙贼人密谋欲抢杨家的财宝，邻人们得知后，主动组织起来帮杨家守夜防贼，使杨家免去了这场灾祸。

宽容说起来简单，可做起来并不容易。因为任何宽容都是要付出代价的，甚至是痛苦的代价。人的一生谁都会常常碰到个人的利益受到他人有意或无意的侵害。为了培养和锻炼良好的心理素质，你要勇于接受宽容的考验，即使在情绪无法控制时，也要管住自己的大脑，只要忍一忍，就能抵御急躁和鲁莽，控制冲动的行为。如果能像杨翥那样再寻找出一条平衡自己心理的理由，说服自己，那就能把忍让的痛苦化解，产生出宽容和大度来。生活中有许多事当忍则忍，能让则让。宽容不是懦怯胆小，而是关怀体谅。宽容是给予，是奉献，是人生的一种智慧，是建立人与人之间良好关系的法宝。

大师雇民工

早晨5点，大师出去为自己庙里的葡萄园雇民工。

一个小伙子争着跑了过来。大师与小伙子议定一天10块钱，就派小伙子干活去了。

7点的时候，大师又出去雇了个中年男人，并对他说："你也到我的葡萄园里去吧！一天我给你10块钱。"中年男人就去了。

9点和11点的时候，大师又同样雇来了一个年轻妇女和一个中年妇女。

下午3点的时候，大师又出去，看见一个老头站在那里，就对老头说："为什么你站在这里整天闲着？"

老头对他说："因为没有人雇我们。"

大师说："你也到我的葡萄园里去吧！"

到了晚上，大师对他的弟子说："你叫所有的雇工来，分给他们工资，由最后的开始，直到最先的。"

老头首先领了10块钱。

最先被雇的小伙子心想：老头下午才来，都挣十块钱，我起码能挣40块。可是，轮到他的时候，也是10块钱。

小伙子立即就抱怨大师，说："最后雇的老头，不过工作了一个时辰，而你竟把他与干了整整一天的我同等看待，这公平吗？"

大师说："施主，我并没有亏负你，事先你不是和我说好了一天10块钱吗？拿你的走吧！我愿意给这最后来的和给你的一样。难道你不许我拿自己所有的财物，以我所愿意的方式花吗？或是因为我对别人好，你就眼红吗？"许多的时候，我们感到不满足和失落，仅仅是因为觉得别人比我们幸运！如果我们安心享受自己的生活，不和别人比较，在生活中就会减少许多无谓的烦恼。

幸福

一天清晨，在一列老式火车的卧铺车厢中，有5个男士正挤在洗手间里刮胡子。经过了一夜的疲困，隔日清晨通常会有不少人在这个狭窄的地方做一番洗漱。此时的人们多半神情漠然，彼此间也不交谈。

就在此刻，突然有一个面带微笑的男人走了进来，他愉快地向大家道早安，但是却没有人理会他的招呼。之后，当他准备开始刮胡子时，竟然自顾地哼起歌来，神情显得十分愉快。他的这番举止令某人感到极度不悦。于是有人冷冷地、带着讽刺的口吻对这个男人问道："喂！你好像很得意的样子，怎么回事呢？"

“是的，你说得没错。”男人如此回答着，“正如你所说的，我是很得意，我真的觉得很愉快。”然后，他又说道，“我是把使自己觉得幸福这件事，当成一种习惯罢了。

后来，在洗手间内所有的人都已经把“我是把使自己觉得幸福这件事，当成一种习惯罢了”这句深富意义的话牢牢地记在心中。事实上，这句话确实具有深刻的哲理。不论是幸运或不幸的事，人们心中习惯性的想法往往占有决定性的影响地位。有一位名人说:“困苦人的日子都是愁苦；心中欢畅者，则常享丰筵。”这段话的意义是告诫世人设法培养愉快之心，并把幸福当成一种习惯，那么，生活将成为一连串的欢宴。

资深医生和徒弟

有位刚刚退休的资深医生，医术非常高明，许多年轻的医生都前来求教，要求投靠在他的门下。资深医生选了其中一位年轻的医生，帮忙看诊，两人以师徒相称。应诊时，年轻医生成为得力助手，资深医生理所当然是年轻医生的导师。

由于两人合作无间，诊所的病患者与日俱增，诊所名声很好。为了分担门诊时越来越大的工作量，避免患者等得太久，医生师徒决定分开看诊。

病情比较轻微的患者，由年轻医生诊断；病情较严重的，由师父出马。实行一段时间之后，指明挂号给医生徒弟看诊的病患者，比例明显增加。起初，医生师父不以为意，心中也高兴:“小病都医好了，当然不会拖延成为大病，病患减少，我也乐得轻松。”

直到有一天，医生师父发现，有几位病人的病情很严重，但在挂号时仍坚持要让医生徒弟看诊，对此现象他百思不解。

还好，医生师徒两人彼此信赖，相处时没有心结，收入的分配，也有一套双方都能接受的标准制度，所以医生师父并没有往坏处想。也就不至于到怀疑医生徒弟从中搞鬼、故意抢病人的地步。

“可是，为什么呢？”师父问一位学者，“为什么大家不找我看诊？难道他们以为我的医术不高明吗？我刚刚才得到一项由医学会颁赠的‘杰出成就奖’，登在新闻报纸的版面也很大，很多人都看得到啊！”

为了解开心中的疑团，学者来到徒弟的诊所深入观察。本来学者想佯装成患者，后来因为感冒，也就顺理成章地到他的诊所就医，顺便看看问题出在哪里。

初诊挂号时，负责挂号的小姐很客气，并没有刻意暗示病人要挂哪一位医生的号。

复诊挂号时，就有点学问了，学者发现很多病人都从师父那边，转到医生徒弟的诊室。问题就出在所谓的“口碑效果”，医生徒弟的门诊挂号人数偏多，等候诊断的时间也较长，有些病人在等候区聊天，交换彼此的看诊经验，呈现出“门庭若市”的场面，让一些对自己病情较没有信心的患者趋之若鹜。

更有趣的发现是，医生徒弟的经验虽然不够丰富，但就是因为他有自知之明，所以问诊时非常仔细，慢慢研究推敲，跟病人的沟通较多、也较深入。而且很亲切、客气，也常给病人加油打气：“不用担心啦！回去多喝开水，睡眠要充足，很快就会好起来的。”类似的心灵鼓励，让他开出的药方更有加倍的效果。

回过来看看医生师父这边，情况正好相反。经验丰富的他，看诊速度很快，往往病患者无须开口多说，他就知道问题在哪里，资深加上专业，使得他的表情显得冷酷，仿佛对病人的苦痛渐渐麻木，缺少同情心。

整个看诊的过程，明明是很专业认真的，却容易使病患者产生“漫不经心、草草了事”的误会。当学者向医生师父提出这些观点时，他惊讶地张大了嘴巴：“对呀，我自己怎么都没有发现！”越成熟的谷穗，越懂得弯腰。千万不要在无意中摆出盛气凌人的高姿态，而让别人觉得你高高在上，产生遥不可及的距离感。

接受自己不喜欢的事

有一次，松下幸之助在一家餐厅招待客人，一行 6 个人都点了牛排。等 6 个人都吃完主餐，松下让助理去请烹调牛排的主厨过来，他还特别强调：“不要找经理，找主厨。”

助理注意到，松下的牛排只吃了一半，心想一会的场面可能会很尴尬。

主厨来时很紧张，因为他知道请自己的客人来头很大。

“是不是有什么问题？”主厨紧张地问。

“烹调牛排，对你已不成问题，”松下说，“但是我只能吃一半。原因不在于厨艺，牛排真的很好吃，但我已 80 岁了，胃口大不如前。”

主厨与其他的 5 位用餐者困惑得面面相觑，大家过了好一会才明白怎么一回事。“我想当面和你谈，是因为我担心，你看到吃了一半的牛排就倒掉，心里会难过。”

如果你是那位主厨，听到松下先生的如此说明，会有什么感受？是不是觉得备受尊重？客人在旁听见松下如此说，更佩服松下的人格并更喜欢与他做生意。

又有一次，松下对一位部门经理说：“我个人要做很多决定，并要批准他人的很多决定。实际上只有40%的决策是我真正认同的，余下的60%是我有所保留的，或我觉得过得去的。”

经理觉得很惊讶，假使松下不同意的事，大可一口否决就行了。

“你不可以对任何事都说不，对于那些你认为算是过得去的计划，你大可在实行过程中指导他们，使他们重新回到你所预期的轨迹。我想一个领导人有时应该接受他不喜欢的事，因为任何人都不喜欢被否定。”一个成熟的人，应该尽量从对方的立场考虑问题，努力接受自己不喜欢的事。这样，他才能赢得别人的尊重和支持。

朴素的深情

在丹麦历史上有一对很有名的科学家兄弟，哥哥尼尔·波耳是物理学家，外向，善言；弟弟哈洛·波耳是数学家，内向，拙于言辞。他们是好兄弟，一条藤上的两个出色的瓜。

一天，哥哥尼尔建议他俩来个互相揭短，他觉得这很好玩。

弟弟哈洛说：“啊！那我可做不到！”

哥哥说：“难道你不想让我快乐吗？”

弟弟只好说：“那你先说吧！”

哥哥开始批评弟弟：“你总是口齿不清，不会说爱的话，没有人知道你的细心、你的关怀……好了，现在你可以损我了！”

弟弟还是笑着平静地说："我做不到！"

哥哥急了，便说："你讲话不算数！"

弟弟这才"嗯嗯"地开了口："哥、哥，你的衣领上有一根线头。"边说边帮他拿掉。

这便是弟弟拙于言辞的力量，他的言行朴素而深情。

我有许多这样木讷的朋友，他们不会为我送花，但我很清楚，如果我需要鲜血支援的时候，他们会毫不犹豫地挽起袖子给我热血。亲情、友情，有时并不需靠更多华丽的辞藻来装饰。它包含在那些朴素的言行中。

小事不计较

宋太宗时期，有人上奏说在汴河从事水运工作的官吏中，有人私运官货到其他地方卖，影响到周围的一些人，众人颇有微词。听了这话，太宗向左右说："要将这些吸血鬼完全根除实在不是容易的事，这就像以东西堵塞鼠洞一样无济于事。对此，不可以过于认真，只需将有些做得过分，影响极坏的首恶分子惩办了即可。如有些官船偶有挟私行为，只要他没有妨碍正常公务，就不必过分追究了。总之，这样做也是为了确保官运物资的畅行无阻呀！"

站在一旁的宰相吕蒙正也表示赞同，他说："水若过清则鱼不留，人若过严则人心背。一般而言，君子都看不惯小人的所作所为，如过分追究，恐有乱生。不若宽容之，使之知禁，这样才能使管理工作顺利开展。从前，汉朝的曹参对司法与市场的管理非常慎重，他认为在处理善恶的执法量刑上应该有弹性，要宽严适度。谨慎从事，必然能使恶人无所遁形。这正如圣上所言，就是在小事上不要太苛刻。”

吕蒙正不仅是这样说的，也是这样做的。他素以不喜欢与人斤斤计较而出名。他刚任宰相时，有一位官员在帘子后面指着他对别人说：“这个无名小子也配当宰相吗？”吕蒙正假装没听见，大步走了过去。其他参政为他愤愤不平，准备去查问是什么人敢如此胆大包天，吕蒙正知道后，急忙阻止了他们。

散朝后，那些参政还感到不满，后悔刚才没有找出那个人。吕蒙正对他们说：“如果知道了他的姓名，那么就一辈子也忘不掉。这样的话，耿耿于怀，多么不好啊！所以千万不要去查问此人姓甚名谁。其实，不知道他是谁，对我并没有什么损失呀。”当时的人都佩服他气量大。做人做事还是宽容些好。我国有句古训：“欲乐，莫过于善。”这里的善就包含了宽容和豁达的意思。宽容和豁达是联系社会的金链，只有宽容，才能让所有的人和谐共处。

第四辑

无爱无忧

人间最苦：缘尽而情未了。自古以来爱情就成为人们生活中一个不可或缺的主题。元好问有诗云：问世间情为何物，直教人生死相许……这成为无数痴男怨女表达对爱情忠贞的绝唱。然而感情的事说不清、道不明，有缘则聚无缘则散，如果放不下已经没有挽救余地的爱情，只能剪不断，理还乱，受折磨的还是自己和自己那颗脆弱的心。

永远的回忆

萧一直坐在这间气息氤氲的咖啡屋内，眼光直视着面前瘦长的透明玻璃杯。他要了一杯柠檬水，随着杯中搅动的吸管，他看着卷起的一个个透明的漩涡，仿佛正用心聆听一个娇脆的声音：

“我就要柠檬吧！”那是乔。

瞟一眼南面靠窗的双人座，一对情侣正借着迷离的灯光看着对方，那曾是萧和乔。这个叫做“错觉”的咖啡屋曾拉长了他们的影子，如今桌上的花瓶中谢去了茉莉，换了玫瑰。

结清了账单，萧向服务生打听可曾有一长发女孩来喝过柠檬水，然后涩涩地离去。

长发的乔也曾来过“错觉”，也曾坐了好久，也曾问起是否有人要过红茶，当然也是涩涩地离去。乔点了萧最爱的红茶。

红茶和柠檬水不再碰面。

乔知道萧每星期日都会到城南的体育场踢球，一直没去看过，可一到这天，乔的心就飞远了。乔精心喂养了一只鹦鹉，每日只教鹦鹉一句“你好”，却始终不得回应，即使有也极为含糊，乔的心就和天空一样灰了。

有一天乔去了那个体育场，带着自己的孩子在春天的草坪蹒跚学步，孩子是勇敢的，跌倒了，挣扎着想要爬起。听说萧已好久没来了，开始的一段日子，他似乎能感到球场的每个角落飞来的一束束熟悉的眼光，只能感觉，捕捉不到，萧认定了那只是一份遗漏的错觉。

几年后的萧在一本不太有名的杂志上看到乔的名字，乔已成了一位作家。萧终于在乔的字句中再次与红茶、柠檬水相遇了。

“也许你觉得体内正流失什么，其实是你在这领域中想要的太多。”乔写道。

萧忍不住一份无名的激动，推醒了睡眼惺忪的儿子：

“看，这正是故人！”一种源于自然、发自灵魂、诉诸心灵的感应，需要你用一生的经历不断地体验，每一颗时常为故人感应的心灵，都可以成为永远的回忆。

爱是一条流动的河

刘刚和王微，是华南某名牌大学的高才生。他们俩既是同班同学，又是同乡，所以很自然地成了形影不离的一对恋人。

一天刘刚对王微说：“你像仲夏夜的月亮，照耀着我梦幻般的诗意，使我有如置身天堂。”王微也满怀深情地说：“你像春天里的阳光，催生了我蛰伏的激情。我仿佛重获新生。”两个坠入爱河的青年人就这样沉浸在爱的海洋中，并约定等刘刚拿到博士学位就结成秦晋之好。

半年后刘刚负笈远洋到国外深造。多少个异乡的夜晚，他怀着尚未启封的爱情，像守着等待破土的新绿。他虔诚地苦读，并以对爱的期待时时激励着自己的锐志。几年后，刘刚终于以优异的成绩获得博士学位，处于兴奋状态的他并未感到信中的王微有些许变化，学业期满，他恨不得身长翅膀脚生云，立刻就飞到王微身边，然而他哪里知道，昔日的女友早已和别人搭上了爱的航班。刘刚找到王微后质问她，王微却真诚地说："我对你已无往日的情感了，难道必须延续这无望的情缘吗？如果非要延续的话，你我只能更痛苦。"刘刚只好退到别人的爱情背面，默默地舔舐着自己不见刀痕的伤口。

或许我们会站在道义的立场上，为品德高贵、一诺千金的刘刚表示惋惜，但我们又能就此来指责王微什么呢？怪只能怪爱本身就具有一定的可变性。爱情是变化的，任凭再牢固的爱情，也不会静如止水，爱情不是人生中一个凝固的点，而是一条流动的河。

昭雪

一位美国朋友带着即将读大学的孩子去欧洲旅行，因为那里留有他青春的痕迹，旧地重游，很是亲切，还有一缕说不出的伤感，因为曾失却的爱，就在这里。

和儿子进入大学城内的餐厅用餐，才刚坐下，父亲即面露惊讶神色。原来，这家餐厅的老板娘，竟是当年他在此求学时追求的对象。

二十多年岁月变更，当年的粉面桃花早已不再。父亲告诉儿子说，她是一家酒吧主人的千金，她的笑容与气质深深地吸引着他。虽然女孩父亲反对他们往来，但两颗热恋的心早已融化所有的障碍，他们决定私奔。

这位美国朋友托友人转交一封信给女孩，约定私奔的日期和去向。很遗憾，他等了一天，却没看到女孩出现，只看见满天嘲弄的星辰，怀抱琴弦，却弹奏失望。他只好带着一张毕业证书回到美国。

儿子听得如痴如醉。突然，他问父亲，当年他在信上如何注明日期。因为美国表示日期的方式是先写月份，后写日期；而欧洲是先写日期，再写月份。

父亲恍然大悟，原来自己约定的日期 10 月 11 日，女孩却是欧洲的读法，判断为 11 月 10 日。一个月的时序误会，因而错失一段美好的姻缘。

二十多年来，他一直想用恨来冲淡想念；二十多年来，那女孩呢？她一定也在恨那个“薄情郎”。这位年近 50 岁的美国朋友，很想走过去，告诉老板娘：我们都错了，只为一个日期的误读，不为爱情。

两个对的人，却在错的时候，爱上一回。

最终，这位父亲没有站出来揭开谜底，只是默默地买单，然后轻松地回家。因为他在心中彻底地为一个爱情中的无辜女主角昭雪。拿掉别人脖子上的十字架，就是等于给自己恢复自由身，特别是在爱情的“事故”里。

失去不爱你的人

有一天，一个失恋的人在公园哭泣。

这时一个老者走来，轻声地问他说：“你怎么啦？为何哭得如此伤心？”

失恋的人回答说：“我好难过，为何她要离我而去？”

不料这位老者却哈哈大笑，并说：“你真笨！”

失恋的人便很生气地说：“你怎么这样，我失恋了，已经很难过，你不安慰我就算了，还骂我。”

老者回答他说：“傻瓜，这根本就不用难过啊，真正该难过的是她。因为你只是失去了一个不爱你的人，而她却是失去了一个爱他的人及爱人的能力。”成功人生是与众不同的人生，成功的人是与众不同的人，他们视跟在别人后面为耻辱，他们勇于放开胸怀接受好的一面，更敢于睁大眼睛不怕痛苦地盯住坏的一面，他们深知，好的一面的好处众人皆知，坏的一面里蕴含的好处，不是每个人都可以知道的。

追寻春天的阳光

暑期回老家，见到了我的同学吕丽华，她今年 37 岁，人虽不算太漂亮，但随和、大方，给人一种明快的气息，她与丈夫王鹏结婚 11 年，一直过着殷实的日子。前年王鹏在外地做生意时与别的女人有了纠缠。一气之下她毅然决然地与丈夫办理了离婚。领着女儿离开了那个让她心痛的家，一个人咬紧牙关挑起了生活的重担，她也曾一度痛恨爱情，叹息命苦，抱怨世上的好男人太少，她想她这辈子不再相信爱情，将与婚姻无缘。

然而一次偶然的机会，却改变了她的信念，那天突然下了一阵雨，她急于赶路，拼命地蹬车，突然在一个拐弯处，她摔倒了，车子甩出很远，自己的腿部也在隐隐作痛，她慢慢从地上爬起来，一瘸一拐地扶起摔坏的自行车，来到了附近的修理部。

那修车的师傅看见她的样子，赶紧给她打水洗脸，并让她坐下先好好地休息一会儿，然后细心地为她修车。

这位师傅姓胡，干这个行当已经十多年。无奈妻子前年因病逝去，儿子已成家，现在不缺吃不少穿，只觉得生活太孤独。胡师傅那憨厚的性格、诚挚的为人，让吕丽华很感动。

从此，二人经常往来，在不知不觉中双方便感受到一种无法言说的默契。

终于有一天，憨厚朴实的胡师傅鼓起勇气吐出了自己的心声。吕丽华毫不犹豫地接受了他。那尘封已久的情感世界，再次向生活敞开。去年年底他们将婚事办了，过起了甜甜蜜蜜的小日子。人生之旅，会不停地颠簸摇摆，爱情在栉风沐雨中常常被卷入谷底，婚姻的失败让心里布满压力的阴影，肩上挑着沉沉的孤独。如果感世伤时，心便会绝望。要勇敢地、自由地追寻春天的阳光，寻觅到一个合适的时刻，大大方方地走进爱的怀抱。

“酸味”的恋爱

有一位相貌极为平凡的丈夫，娶了一个比自己年轻 13 岁的娇妻。他深信，每一个看见他妻子的男人都想得到她。由于他对自己的吸引力没有自信，所以每当妻子外出时就恐惧不已，设想妻子会看上其他什么人而抛弃他。事实上他的妻子很忠诚，完全把自己托付给了婚姻。当他们第一次见面的时候，她为自己被他奉为偶像和自己对于他的强烈吸引力感到非常高兴。然而，随着时间的推移，她发现他那日益增长的嫉妒越来越让人烦闷、窒息，她最终离开了他——不是因为他缺乏吸引力，也不是因为她看上了一个更有吸引力的男人——而是因为他那令人窒息的嫉妒。

还有一个小伙子，找了一位很漂亮的女朋友，两人的感情也很好，可这个小伙子唯一的缺点就是太爱吃醋了。他不允许女友一个人看电影，不允许她化妆，甚至女友和异性说话他都会吃醋。有一次在一个朋友的婚礼上，女友化了一点妆，还吹了头发，这个小伙子当场就发起火来，不但让女友尴尬，还搅坏了婚礼的喜庆气氛。女友很生气，一个人先走了，回到了自己开的服装店里，正巧她以前的一个男同学路过这里，顺便进来看看她。两人正说话间，她的男朋友进来了，看到女友和别的男人说话，他妒火中烧，拎起一桶汽油就向女友泼去，结果造成女友全身大面积烧伤，自己也因此受到了法律的严惩。在爱情生活中，嫉妒就像辣椒粉，用得适当是调味品，用得过多，就会给人造成伤害。这个度，要学会掌握。

推迟婚姻

小王说他和女朋友认识快两年了，同居也有半年了，“我们已到了谈婚论嫁的地步，可是这段时间里，我越来越觉得自己是个厌恶婚姻的人。我们都属于这个城市的过客，房子对我们来说只是个暂时的住所，从来没想过房子会成为我们的绊脚石。其实，她也不是很赞成买房，可丈母娘发话了，说我们两个是该结婚了，不过得先买房，还不能是二手的。不得已只能向朋友们借钱买房，房子买了当然要装修，麻烦也就随之而来了，为了买家具和装饰的东西以及房间的装潢和布置，我们三天两头地吵架，现在装修还没有结束，可我们已经吵得快分手了，真不知道还能不能结成婚……”这种问题的出现不但是心理问题，也是社会问题。现在的年轻人多是独生子女，一直以来都是习惯接受别人的关怀，自己并不擅长照顾别人和承担一些责任。当他们想到建立一个家庭需要夫妻共同承担责任和义务，还要处理好与另一方家人的关系，同时因为周围人经常说起婚姻的负面作用时，就使得他们感到焦虑、不安，甚至影响到结婚的情绪。于是选择推迟结婚或独身。

随爱“远行”

姜术是一位医生，在北京一家很有名望的医院工作。丈夫张仪是一家工程公司的老总，每天忙得不可开交，马不停蹄地在各地跑来跑去，两人见面的时间很少。只是偶尔在周末才聚一聚。

一次，姜术和张仪偶然间在医院的急诊室相遇了。张仪向妻子解释说：“我带一个女孩来看病，她是我单位的员工，由于工作劳累过度晕倒了。”姜术看了那女孩一眼，女孩看上去比张仪小很多，脸上带着点野性。姜术心里有一种说不出来的感受。

她便偷偷地到丈夫工作的公司去打探。大家都说从来没有见过像她所描述的这样一个女孩。

姜术听后，立即像失去重心一样。回来后，她给丈夫打了电话，说她已出差在外地，要一个月后才回去。

接着她便到丈夫的公司附近蹲守。

蹲守的结果是证明了那女孩已与张仪同居很久。怎么办？是离婚还是抗争？姜术陷入了极度痛苦的深渊。那个晚上，她坐公共汽车回家。

车开得很慢，司机好像很懂姜术的心情。车上只有三个乘客，另外两个乘客在给亲人打电话，脸上洋溢着幸福的表情。姜术痛苦地闭上眼睛，回想起摊放在桌上半年多的《离婚协议书》。

突然有人叫她，是那位司机在跟她说话“妹妹，你有心事”，姜术没有回答。“我一猜您就是为了婚姻”，姜术的脸色微微地有点冷暗。可司机却当没看见一样继续说：“我也离过婚。”

姜术眼睛微微一亮，便竖着耳朵听。

“我和我的妻子离婚了。”姜术的心不由紧了一下。“她上个月已经同那个男人结婚了，他比她大 4 岁，做翻译工作，结过婚，但没孩子。听说，他前妻是得病死的。他性格挺好的，什么事都顺着我前妻，不像我性子又急又犟，他们在一块儿挺合适的。”

姜术觉得这个司机很不寻常。

“妹妹，现在社会开放了，离婚不是什么丢人的事，你不要觉得在亲友当中抬不起头。我可以告诉你，我的妻子不是那种胡来的人，她和那个男人在大学里相爱四年，后来那个男人去了国外，两人才分手。那个男人在国外结了婚，后来妻子死了，他一个人在国外很孤独，就回来了。他们在同学聚会上见了面，这一见就分不开了。我开始也恨，恨得咬牙切齿。可看到他们战战兢兢、如履薄冰地爱着，我心软了，就放他们一条生路……”

姜术的眼睛有些湿润了，她想起丈夫写给她的那封信：

我没有想到会在茫茫人海中与她邂逅。在你面前，我不想隐瞒她是一个比我小很多的女人。我是在一万米的高空遇见她的，当时她刚刚失恋。我们谈了几句话之后，她就坦诚地告诉我她是个不好的女孩，后来我知道她和我生活在同一座城市，我不知为什么，从那一天起，心里就放不下她。后来我们频频约会，后来我决定爱她，照顾她一生。因为她，我甚至想放弃一切……

车到家了，姜术慢慢地走上楼。第二天她很平静地在《离婚协议》上签了字。当你所面临的是这种婚外萌发的真情时，这种真爱就如生长在荆棘丛中的一株野花，在临近深秋时绽开。虽然它开得不是地方，不合时节，但它已在凉凉的秋风中战栗地开放。你又何须一脚踏死？即使踏死你也将付出惨重的代价。不如退后一步，像一首歌中唱的那样，人生没有翻不过的山，没有蹚不过的河，更没有过不去的坎。

因为在人生的旅途上，生活给了你伤痛、苦难，同时也给了你退路和出口。所以当你所爱的人为了另一个珍爱的人要执意离你“远行”时，你无需作伤痕累累的最后决斗，在适当的时候选择放手。

放爱一条生路

在希腊神话中有这样一个故事。

有一个叫伊俄的公主有一天正在为她的父亲牧羊的时候，为万神之父宙斯看见。宙斯当然是“有妇之夫”，而且他的妻子赫拉还是个嫉妒心非常强烈的女人。但伊俄的美丽却让宙斯无法“漫不经心”，宙斯很快坠入爱河。

然而就在这时，赫拉为了监视自己丈夫的行踪，已独自乘云下降到人间。为了能从赫拉的嫉恨中留住他的情人，宙斯让伊俄变成一头雪白的小母牛。可是赫拉立刻看透了丈夫的诡计，她假意夸赞这匹美丽的动物，并询问小母牛的一些情况。宙斯扯谎说这小母牛只不过是地上的生物，没有别的。赫拉假装对于他的答复很满意，但要求他将这美丽的动物送她作为赠礼。宙斯无奈就决定暂时将这光艳照人的“爱物”赠给他的妻子。

赫拉表示很喜欢这赠礼。她在小母牛的颈子上系了一根带子，并得意扬扬地将她牵走，小母牛的心怀着人类的悲哀，不知道这女神将她牵到何处。这女神知道除非把她的情敌看守得非常严密，否则，她是不会放心的。她找到阿瑞斯托耳之子阿耳戈斯，因为阿耳戈斯是一个百眼怪物，当睡眠的时候，每次只闭两只眼，其余的都睁着，他可以无时无刻地监视着这小母牛。后来焦急的宙斯只好召唤他的爱子赫耳墨斯，让他帮忙杀死了阿耳戈斯，方才救出伊俄。

伊俄自由了。即使她仍然是母牛的形体，但她可以无拘无束地奔跑。可是赫拉仍然不肯善罢甘休。她追逐伊俄逼至世界各地。经过长期艰难的行程，这一天伊俄来到埃及。她跪在尼罗河岸上，昂着头，在默默地怨诉中仰望着天上的宙斯。宙斯看见了她，硬着头皮去请求赫拉怜悯这个可怜的女郎。他说她没有诱惑他趋于不义，并指着下界的河川发誓。当他正在恳求时，赫拉却从澄明的天空听到小母牛的悲鸣，她心软了，许可宙斯恢复伊俄的原形，并答应成全他们。

爱这种情愫非常复杂，也许有的人已觅到温暖的港湾可以休憩在甜美的温床上，也许有的人终生与它无缘，也许有人在甜蜜的梦中突然被伤感的钟声敲醒，不得不面对眼前爱被夺走的现实。此时当你揭开爱情的面纱时，这份真爱已不属于你。怎么办？不妨少些愤怒、怨恨，多些沉默、宽容，放“真爱一条生路”，同时，对自己也是一种解脱。

完美计划

吉姆性格内向，为人老实，他受过良好的教育，有一份安定的会计工作，一个人住在芝加哥，他最大的心愿就是早点结婚。他渴望爱情、友情、甜蜜的家庭、可爱的孩子以及种种相关的事，他有几次差点就要结婚了。有一次只差一天就结婚了，但是每一次临近婚期时，吉姆都会发现自己的爱情不够完美，而与女友分手。

两年前吉姆终于找到了梦寐以求的好女孩。她端庄大方，聪明漂亮又体贴。但是，吉姆还要证实这件事是否十全十美。有一个晚上当他们谈到婚姻大事时，新娘突然说了几句坦白的话，吉姆听了有点懊恼。

为了确定他是否已经找到理想的对象，吉姆绞尽脑汁写了一份长达 4 页的婚约，要女友签字同意以后才结婚。这份文件又整齐，又漂亮，看起来冠冕堂皇，内容包括他所能想象到的每一个生活细节。其中一部分是宗教方面的，里面提到上哪一个教堂、上教堂的次数，每一次奉献金的多少；另一部分与孩子有关，提到他们共要生几个孩子、在什么时候生。

他把他们未来的朋友、他太太的职业、将来住哪里以及收入如何分配等等，都不厌其烦地事先计划好了。在文件结尾又花了半页的篇幅详列女方必须戒除或必须养成的一些习惯，例如抽烟、喝酒，化妆、娱乐等等，准新娘看完这份最后通牒，勃然大怒，她不但把它退回，又附了一张便条，上面写道："普通的婚约上有'有福同享，有难同当'这一条，对任何人都适用，当然对我也适用，我们从此一刀两断！"

当吉姆先生收到被退回的婚约时，还委屈地说："你看，我只是写一份同意书而已，又有什么错？婚姻毕竟是终身大事，你不能不慎重行事啊！"老实厚道的吉姆可真是大错特错，苛求自己的爱情必须完美。

殊不知，没有人愿意接受别人界定给自己的条条框框，更没有人愿意为了别人的"完美印象"而拼命地压抑自己的真实感受。吉姆的女友终于被他的"完美计划"吓跑了，一场精心策划的"完美爱情"就这样泡汤了，愚蠢的吉姆现在除了抱怨自己的无能之外，实在不知道该如何是好。

心与心的共鸣

女孩和他青梅竹马，相识20年，相恋八载，她应该顺理成章地成为他的妻子。但女孩一直不甘心，她总觉得两人相处时间太长了，从无话不说到无话可说，没有女孩所渴望的浪漫与激情。在女孩的记忆中，他一直不曾对她温柔地说过爱。

直到有一天，他郑重地对她说："十四年抗战还有胜利的日子，我们该结婚了。"女孩找不出拒绝的理由，但也找不到立即应允的感觉。女孩说要考虑一下，她想让他给她答应的理由。他竟点点头，没有表示任何异议。

两人一起上街，并肩走着。到了一个拐角处，街道忽然变窄，本来在他右边的女孩轻巧地向前一跳，跑到了他的前面，走在他的左边。他忽然慌了，急忙跑步赶上，将女孩拉到右边，说了声"危险"。一辆大卡车就在此时呼啸而过。

并没有惊天动地的事情发生，卡车将地上的泥水甩了他一身。他仍在嗔怪女孩："不是告诉过你，走路要在我的右边，为什么不听？"这只是一瞬间，女孩却感到超过一生的感动和幸福。他一直对她呵护有加，即使走路时也要将她放在右边的内侧，他用他的身体为她遮挡左边外侧的人流及一切。在爱的历程中，最真最美最让我们感念一生的往往是那些不经意地渗入我们生命中的细节，而无心的一举一动其实包含了许许多多心与心的共鸣以及爱与爱的默契。

第五辑

无欲无求

禅诗有云：春有百花秋有月，夏有凉风冬有雪。若无闲事挂心头，便是人间好时节。

境由心生，只有内心归于平静才可感受到人生的美好，心灵一旦被物欲所牵，就等于被蛛网所系，一生不得挣脱，而克制欲望，保持淡泊之心则可让人趋于平静。明白事理：功名利禄，荣华富贵均是身外之物，不可没有，亦不可强求。如此，你的内心则可以获得释然。

无形的财富

一位老人在一条小河边，遇见一位青年。

这位青年唉声叹气，满脸愁云惨雾。

“年轻人，你为什么这样的郁郁不乐呢？”老人关心地问。

青年看了一眼老人，叹了口气：

“我是一个名副其实的穷光蛋。我没有房子，没有老婆，更没有孩子；我也没有工作，没有收入，整天饥一顿饱一顿地度日，老人家，像我这样一无所有的人，怎么能高兴得起来呢？”

“傻孩子，”老人笑道，“其实你不该如此的灰心丧气，你还是很富有的！”

“为什么？”青年不解地问。

“因为，你其实是一个百万富翁呢。”老人有点儿诡秘地说。

“百万富翁？老人家，您别拿我这穷光蛋寻开心了。”青年不高兴了，转身欲走。

“我怎么会拿你寻开心呢？现在，你回答我几个问题。”

“什么问题？”青年有点好奇。

“假如，我用20万元买走你的健康，你愿意吗？”

“不愿意。”青年摇摇头。

“假如，现在我再出20万，买走你的青春，让你从此变成一个小老头儿，你愿意吗？”

“当然不愿意！”青年干脆地回答。

“假如，我再出20万元，买走你的容貌，让你从此变成一个丑八怪，你可愿意？”

“不愿意！当然不愿意！”青年头摇得像个拨浪鼓。

“假如，我再出20万，买走你的智慧，让你从此浑浑噩噩，了此一生，你可愿意？”

“傻瓜才愿意！”青年一扭头，又想走开。

“别急，请回答我的最后一个问题，假如我再出20万，让你去杀人放火，让你失去良知，你愿意吗？”

“天哪！干这种缺德事，魔鬼才愿意！”青年愤愤道。

“好了，刚才我已经开价100万元了，仍然买不走你身上的任何东西，你说，你不是百万富翁，又是什么？”老人微笑着问。

青年恍然大悟。他笑着谢过老人的指点，向远方走去。

从此，他不再叹息，不再忧郁，微笑着寻找他的新生活去了。为金钱而活着只是愚人的选择，智者追求的财富除了金钱还包括健康、青春、智慧等。

道德与享乐

犹太人有一则关于道德与享乐之关系的寓言，其中以比喻的方式表达了他们的看法。

有一艘船在航行途中遇到了强烈的暴风雨，偏离了航向。到次日早晨，风平浪静了，人们才发现船的位置不对，同时，大家也发现前面不远处有一个美丽的岛屿。船便驶进海湾，抛下锚，作暂时的休息。从甲板上望去，岛上鲜花盛开，树上挂满了令人垂涎的果子，一大片美丽的绿荫，可以听见小鸟动听的歌声。于是，船上的旅客自然地分成了五组。

第一组旅客认为，如果自己上岛游玩时，正好出现顺风顺水，那就会错过起航的时机。所以不管岛上如何美丽好玩，他们坚持不登陆，守候在船上。

第二组的旅客急急忙忙地登上小岛，走马观花地闻闻花香，在绿荫下尝过了水果，恢复精神之后，便立刻回到船上来。

第三组旅客也登陆游玩，但由于停留的时间过长，在刚好顺风之时，以为船要开走而慌慌张张地赶回船上来，结果，有的丢了东西，有的失去了好不容易才占下的理想位置。

第四组的旅客虽然看到船员在起锚，但没看到船帆扬起，而且以为船长不可能扔下他们把船开走，所以，一直停留在岛上。直到船要起航之时，他们才心急慌忙地游到船边爬上船来。其中有些人为此受了伤，直到航行结束，也没有痊愈。

第五组旅客由于在岛上陶醉过度，没有听到启航的钟声，被留在了岛上。结果，有的被树林中的猛兽吞吃了，有的误食有毒的食物而生了病，最后全部死在岛上。

故事中的船，象征着人生旅途中的善行，岛则象征快乐，各组的旅客象征对善行和快乐持不同态度的世人。

第一组的人对人生的快乐一点儿不去体会；第二组的人既享受了少许快乐，又没有忘记自己必须坐船前往目的地的任务，这是最贤明的一组；第三组的人虽然享受了快乐并赶回了船上，但还是吃了些苦头；第四组也勉强赶回船上，但伤口到目的地还没有愈合；人类最容易陷入的还是第五组，往往一生为了虚荣而活着，忘记将来的事而不知不觉吃下有毒的甜蜜果实。一定要把握住享乐的分寸。适度享乐而不忘追求善行的人才是最贤明的。

贪婪让生命受累

有个扬州人善于游泳。一天，河水暴涨，水势很急。同村的五六个同伴一起要到河对岸去办事，因为都识得水性，所以还是乘了小船，横渡过去。哪知天有不测风云，小船到了河中央的时候，突然破了，水一个劲儿地漏进了船里。眼看船就要沉了，于是大家干脆就全跳下船去，准备游到对岸去，但其中的这个扬州人，虽然拼命地向前游，却游得很慢。

扬州人的同伴问他："你游泳比我们都强，今天怎么啦，竟然落在了我们后面？"这个人十分吃力地说道："我腰上缠着 500 大钱，很沉，我游不动。""赶快把它解下来，丢掉算了。"同伴们都劝他。可是他摇着头，舍不得扔掉这 500 大钱，渐渐地这个人越游越慢，几乎要精疲力尽了。

这时，同伴中的一些人已经游到了对岸，看见这人马上就要沉下去了，于是就冲他大喊着："快把钱扔了！你为什么这样愚蠢，连性命都保不住了，还要这些钱有什么用。"可是这个人终究还是舍不得这些钱。不一会儿，他就沉下去淹死了。

我们每个人真正的价值，可以根据他轻贱和重视的对象来衡量。生命是我们最大的财富，已经与我们同在了。许多人为了追求财富和权力，碰得头破血流，然而他们却看不到，爱情、平常心和幸福都是人间的瑰宝，没有任何土地或钱财能与这些无价之宝相比。

这个世界有太多的诱惑，因此有太多的欲望，并随之有太多欲望满足不了的痛苦。我们想要以清醒的心态，从容的步履走过人生的岁月，就不要表现得太贪婪。

我们终身劳苦而获得的财富和我们所能享受到的世俗的欢乐都只是过眼云烟，我们是不可能带着它们离开这个世界的。我们可以允许财富进入我们的屋内，但永远不要让它主宰我们的心灵。

我们现在和出生时已截然不同了。出生时，我们一无所有，但年复一年，我们已被生活的包袱压得喘不过气来。同时，我们也被各种欲望所折磨着。如果我们的欲求总是不着边际，我们便永远得不到它，我们便会无止境地追求它，直到我们精疲力尽的那一天。从某种意义上来说，这种生活已不是一种乐趣，而是一种折磨了。

所以，从今天起，卸下你沉重的包袱吧。用崭新的眼光来重新审视自己，让自己的灵魂挣脱无止境的需求，进入怡然之境。有些人因为贪婪，不懂得放弃应该放弃的东西，结果便是失去了更多，甚至赔上了性命，实在是可悲！

生活中的“绳子”

一个后生从家里到一座禅院去，在路上他看到了一件有趣的事，他想以此去考考禅院里的老禅者。来到禅院，他与老禅者一边品茗，一边闲扯，冷不防地问了一句：

“什么是团团转？”

“皆因绳未断。”老禅者随口答道。

后生听到老禅者这样回答，顿时目瞪口呆。

老禅者见状，问道：“什么使你如此惊讶？”

“不，老师父，我惊讶的是，你怎么知道的呢？”后生说，“我今天在来的路上，看到一头牛被绳子穿了鼻子，拴在树上，这头牛想离开这棵树，到草地上去吃草，谁知它转过来转过去都不得脱身。我以为师父既然没看见，肯定答不出来，哪知师父出口就答对了。”

老禅者微笑着说：“你问的是事，我答的是理，你问的是牛被绳缚而不得解脱，我答的是心被俗务纠缠而不得超脱，一理通百事啊。”

后生大悟！

一只风筝，再怎么飞，也飞不上万米高空，是因为被绳牵住；一匹壮硕的马，再怎么烈，也被马鞍套上任由鞭抽，是因为被绳牵住。因为一根绳子，风筝失去了天空；因为一根绳子，水牛失去了草地；因为一根绳子，大象失去了自由；因为一根绳子，骏马失去了驰骋。所谓真正幸福的人生，就是要摆脱那些无形的绳子，名利、贪欲、嫉妒、褊狭都是绳。摆脱了这些，快乐幸福的生活也就在你的身边了。

平分财产

从前摩罗国有一位富翁，得了重病，知道自己将不久于人世，就把两个儿子唤到床前说：“我死了以后，你们兄弟二人要好好地平分财产……”

话未说完，富翁就去世了。

兄弟二人望着万贯家财，心生贪念，便开始你争我夺。无论怎么分配，二人始终都有意见。

这时，有一位愚笨的老人就说：“我教你们如何把东西平均分成两份，只要把你们所有的财物通通从中间切成两份就成了！”

听完后，二人异口同声高兴地说：“真是好方法！”

于是迫不及待地取出衣服、碗盘、花瓶、钱币等等家产，一一把它从中间、小心谨慎地分成两半，连房子都从中间拆开了。

转眼间，万贯家财，却成了一堆堆一文不值的破铜烂铁。在生活上，有很多人为了贪求多一点点的利益和多一点点的公平而失去了该有的气度与雅量。对待财物淡泊一些，对待别人宽容一些，就能避免遭受那些无端的损失。

作家的悲剧

日本作家川端康成自获诺贝尔奖之后，受盛名之累，常被官方、民间，包括电视广告商人等拉着去做这做那。文人难免天真，不擅应酬，又心慈面薄，不会推托；做事也过于认真，不懂敷衍；于是陷入忙乱的俗事重围，不知如何解脱，终于自杀，了此一生。据报道，川端临终前，曾为筹措笔会经费而心力交瘁。情绪十分低落，可能是促使他厌世自杀的原因之一，这当不是妄测之词。

固然，对一位作家来说，能获得诺贝尔奖，这口井已经算是凿得够深了。但如果他不被卷入烦倦不堪的琐事，而能依然宁静度日，以他丰富晶莹的智慧，或可有更具哲理的创作留传于世。

《湖滨散记》的作者梭罗，为了要写一本书，而去森林中度过两年隐士生活。自己种豆和玉蜀黍为食，摆脱了一切剥夺他时间的琐事俗务，专心致志，去体验林间湖上的景色和他心灵所产生的共鸣。从中发现许多道理，而完成了这本名著。一个人的精力有限，时间有限。在有生之年，把握住自己真正的志趣与才能所在，专一地做下去，才可能有所成就。

不但要有魄力，而且要有判断力，摆脱其他外务的干扰和诱惑，不为一切名利权位等虚荣而中途改道。

人生需要“放弃”

古时候，有一个农夫初次要到另一个村庄办事，可是当时交通不便，他只能徒步行走。

走啊走，这农夫穿过一大片森林后发现，要到达另一村子，还必须经过一条河流，不然的话，就得爬过一座高山。

怎么办呢？是要渡过这条湍急的河流呢，还是要辛苦地爬过高山？

正当这农夫陷入两难时，突然看到附近有一棵大树，于是就用随身携带的斧头，把大树砍下，而将树干慢慢地砍凿成一个简易的独木舟。这个农夫很高兴，也很佩服自己的聪明，因他很轻松地坐着自造的独木舟，就到达了对岸。

上岸后，农人又得继续往前走。可是他觉得，这个独木舟实在很管用，如果丢弃在岸旁，实在很可惜！而且，万一前面再遇到河流的话，他又必须再砍树，辛苦地凿成独木舟，很累人。所以，农夫就决定，把独木舟背在身上走，以备不时之需。

走啊走，这农夫背着独木舟，累得满头大汗，步伐也愈走愈慢，因这独木舟实在是太重了，压得他喘不过气来！

这农夫边走边休息，有时真是好想把独木舟丢弃。可是，他却舍不得，心想，既然已经背了好一阵子，就继续吧！万一真的遇到河流，就很管用了，还可以派上用场！

然而，这农夫一直汗流浃背地走，走到天黑，发现一路上都很平坦；在抵达另一个村庄前，都没有再遇到河流！

可是，他却比不背独木舟，多花了三倍的时间，才到达目的地。生活中处处充满着哲学和智慧。很多的时候，就需要你放弃很多对自己有用的东西。因为轻装上路，更能加速自己前进的步伐。

不可执迷太深

非洲人抓狒狒有一绝招：故意让躲在远处的狒狒看见，将其爱吃的食物放进一个口小里大的洞中。等人走远，狒狒就欢蹦乱跳地来了，它将爪子伸进洞里，紧紧抓住食物，但由于洞口很小，它的爪子握成拳后就无法从洞中抽出来了，这时人只管不慌不忙地来收获猎物，根本不用担心它会跑掉，因为狒狒舍不得那些可口的食物，越是惊慌和急躁，就将食物握得越紧，爪子就越无法从洞中抽出。

听说过这个故事的朋友都大呼“妙”！此招妙就妙在人将自己的心理推及到了类人的动物。其实，狒狒们只要稍一撒手就可以溜之大吉，可它们偏偏不！在这一点上，说狒狒类人，亦可说人类狒狒。狒狒的举止大都是无意识的本能，而人如果像狒狒一般只见利而不见害的死不撒手，那只能怪他利令智昏或执迷不悟。

失恋者只要肯对抛弃自己的恋人撒手，何至于把自己弄得失魂落魄、心灰意冷？失业者只要肯对头脑中僵化的择业观撒手，何至于整天萎靡不振、怨天尤人？赌徒只要肯对侥幸心理撒手，何至于血本无归、倾家荡产？瘾君子只要肯对海洛因撒手，何至于如行尸走肉、浑噩一生？贪赃枉法者只要肯对一个“钱”字撒手，又何至于锒铛入狱甚至搭上卿卿性命？……

该放手时就放手，不可执迷太深。事实上，放手可以减轻一些麻烦和折磨，可以开始去做更有意义的事情。有句老话：退一步，海阔天空。那就退上一步又如何？等待时机成熟再“卷土重来”，何尝不是上策呢？

麦田里的守望者

塞林格是美国当代最负盛名的小说家，他的《麦田里的守望者》被认为是美国文学的“现代经典”，总销售量已超过千万册。

换上其他一些人，或许会是穿华衣、吃美食、坐豪车、娶娇妻，极尽张扬。然而，塞林格走的却是一条完全相反的道路。他退隐到新罕布什尔州乡间，在河边小山附近买了九十多英亩土地，在山顶筑一座小屋，周围种上许多树木，外面拦上六米半高的铁丝网，网上还装有警报器。每天 8 点半带了饭盒入内写作，下午五点半才出来，家里任何人不准打扰他，如有要事，只能电话联系。

他平时深居简出，偶尔去小镇购买书刊，有人认出他，他马上拔腿就跑。他不喜欢过多的社交，有人登门造访，得先递上信件或便条；如果来访者是生客，就拒之门外。他更不喜欢自造舆论，成名后，只回答过一个记者的问题，那是一个 16 岁的女中学生，为给校刊写稿特地去找他的。

塞林格是值得我们尊敬的，因为他在享受唾手可得时，却不向它投降，自觉地坚守自己的生命目标。正是这种视创造为生命、鄙视享乐的性格使塞林格的作品保持了永久的艺术魅力，他的作品哪怕是一个短篇，一经发表，马上会引起轰动。

面对虚荣与诱惑，不妨用平静的心态来对待它们，让浮躁的心归于清净，重新拾起自信和勇气。

在生活中应该抛弃那些不相宜的东西。人生就是这样，有得也有失。你一旦迈开了步子，就只能朝一个方向前进，不可能同时朝东南西北几个方向兼走。所以，你应该在得失之间及时选择，把一切不相宜的东西统统抛开。

快乐的根

整个春季和夏季旱得连饮用的水都很困难了；庄稼快成熟需要阳光的时候，却风雨交加。天灾人祸使小镇的村民们浮躁不安，闷闷不乐。村主任召唤来一位精壮的小伙子，吩咐道："听说终南山一带出产一种快乐藤，凡得此藤者，皆喜形于色，不知烦恼，你速去采吧！"

备足干粮，配齐鞍辔，小伙子告别乡里，策马扬鞭，日夜兼程一路风尘朝终南山飞驰而去。

水沛草美的终南山麓，小伙子发现一处藤萝缠绕的小屋，一位老师傅正辛勤地工作着。

他身穿布衣而无怨，腹裹野菜而无悔，面挂喜色，不知疲倦。小伙子毕恭毕敬上前询问："师傅，这些藤萝真的能使您快乐吗？"

"当然。"

“可以送些给我吗？”

“没有问题。不过快乐不能仅凭借几株藤萝，关键是要具备快乐的根。”

“埋在泥土中的根吗？”

“不，埋在心中的根——那就是坚韧、顽强、执着、刻苦、纯朴的品德。”真正的快乐不是来源于外界，而是来源于我们的自身和内心。到外界寻求快乐，不如从自身努力。

保持开放的心

有一个富翁，为了教自己那个每天精神不振的孩子知福惜福，就送他到当地最贫穷的村落住了一个月。一个月后，孩子精神饱满地回家了，脸上并没有带着被“下放”的不悦，让富翁感到不可思议。

他想要知道孩子有何领悟，问儿子：“怎样？现在你知道，不是每个人都能像我们过得这么好吧？”

儿子说：“不，他们过的日子比我们还好。因为我们晚上只有电灯，而他们有满天星星。

我们必须花钱才买得到食物，而他们吃的是自己土地上栽种的免费粮食。

我们只有一个小花园，可是对他们来说山间到处都是花园。

我们听到的都是城市里的噪声，他们听到的却是大自然演奏的美妙音乐。

我们工作时精神紧绷，他们一边工作一边大声唱歌。

我们要管理佣人、管理员工，有操不完的心，他们只要管好自己。

我们要关在房子里吹冷气，他们却能在树下乘凉。

我们担心有人来偷钱，他们没什么好担心。

我们老是嫌饭菜口味不好，他们有东西吃就很开心。

我们常常无缘无故失眠，他们每夜都睡得好安稳……

所以，谢谢你，爸爸，你让我知道，我们其实也可以过得那么好。”

真正有价值的，是拥有一颗开放的心，有勇气从不同的角度衡量自己的生活。那样，你的生命就会不断更新，每一天都充满了惊喜。

失宝得宝

比舍是个出名的珠宝商人和经验丰富的航海家。

这回，比舍又带领了500名商人驾着一艘一艘的船入海采宝去，乘风破浪，很快地到达了珠宝产地。

客商们停泊登岸，一眼望去，哈哈，遍地都是奇珍异宝啊！大伙儿就像一群饿狼一样，拼命搬运，耀眼的珠宝一下子一船一船都装得满满的。可是，客商还在贪心地抓呀堆呀，眼看每只船都要被压沉下去了。

此时，比舍可着慌啦，大声疾呼：“注意！注意！船，不能运载过重啊！客商们！自动地把你们超载的珠宝，尽量抛弃吧！不然的话，一定要出危险呐！”

500名客商都装没听见。贪欲所迷，宁为宝死，也不愿意丢一粒珠子呀！

比舍眼看没法了，只好决定牺牲自己的船上所有，尽将光闪闪的珠宝投没海涛里。

比舍驾驶着空船跟着满载珠宝的船队离开宝山。眨眼间，超载珠宝的船，一艘艘地被海水吞没了。要不是比舍的空船将五百客商护救出海，那真是人财两空了。当500名商人坐比舍这只船平安脱险的时候，海面上忽然出现一个神，将比舍以前所抛弃的珠宝尽数还给了他。比舍失宝得宝，当然欢喜极了，可是他不忍心看大伙憔悴烦恼的样儿，便又把自己的珠宝和众商客平分了。

浮生一世，短短几十年，总有一天连生命都不得不放弃，还有什么看不开的呢？懂得放弃的人往往要比一味追求的人得到的更多些，也更轻松和快乐些。人生的路很宽，为官为民，有钱没钱，一样可以活得有滋有味，只不过各有各的活法而已。民有民的乐，官有官的忧；穷有穷的喜，富有富的悲，都随个人与环境的不同而变化，何苦处心积虑地去追求不属于自己的东西。认认真真做事，老老实实做人，开开心心生活，正所谓“穷亦乐，富亦乐”。

十味奇药

唐代著名禅师石头希迁是一位得道的高僧，被后人称为石头和尚。他在世的时候，曾为世人开过十味奇药：“好肚肠一条，慈悲心一片，温柔半两，道理三分，信行要紧，中直一块，孝顺十分，老实一个，阴骘全用，方便不拘多少。”

服用方法为：“此药用宽心锅内炒，不要焦，不要燥，去火性三分，于平等盆内研碎，三思为末，六波罗蜜为丸，如菩提子大，每日进三服，不拘时候，用和气汤送下。果能依此服之，无病不瘥。切忌言清浊，利己损人，肚中毒，笑里刀，两头蛇，平地起风波——以上七件，速须戒之。”

希迁的养生奇方其精要在于养德。养德“不劳主顾，不费药金，不劳煎煮”，却可祛病健身，延年益寿。

德高者有良好的人际关系，而良好的人际关系是身心健康的重要条件之一。在“与人为善”的助人行为中，会唤起他人对自己的感激、喜欢和热情，由此而产生温暖的感觉，将有助于彻底免除精神紧张。一个道德高尚的人，总是正直并且富有爱心的。在遇到事情的时候，也总是能够大公无私，在处世上宁静而淡泊，不被世俗利益而有所变动。在对人对事的时候，胸襟开阔，无私坦荡，光明磊落，故而无忧无愁，无患无求。身心处于淡泊宁静的良好状态之中，必然有利于健康长寿，有利于人性光辉的发扬。

逃离死亡

有一个人很害怕死亡。他心里想着：“死亡是在前面呢？还是在后面呢？”

他想到：“人总是在往前跑的时候死亡，例如飞机失事、车祸丧生。所有的动物也都是在往前逃命的时候，被捕杀的。从来没有动物是在后退时丧生，所以，死亡是从后面追赶的。”

他得到一个重要的结论：“要避免被死亡追上的唯一方法，就是走得更快速、更匆忙。”

于是，他每天总是行色匆忙，不论吃饭、工作或走路，都比从前的自己快了三倍。

有一天，他匆匆忙忙地赶路时，突然被一个白胡子的老人叫住。老人问他说：

“你如此匆忙，是在追赶什么呢？”

他说：“我不是在追赶，我是在逃开呀！”

“逃开什么呢？”老人问。

“逃开死亡！”

老人问：“你怎么知道死亡是在后面呢？”

他说：“因为所有的动物都是在往前逃命被死亡追上的。”

老人说：“你错了！死亡不是在起点时追赶，而是在终点时等候的。不论你跑快或跑慢，都会抵达终点。”

“你怎么知道？”

“因为我就是死神呀！”老人说。

那个人大惊失色：“你今天出现，莫非我的死期到了？”

死神说：“喔！你不用害怕，你的死期还没有到，只是你一直跑得太快，我的兄弟‘活着’一直向我抱怨，赶不上你。如果你不和他会合，和死亡又有什么两样呢？他特别请我通知你，慢一些呀！”

“我要如何才能和‘活着’会合呢？”

死神说：“首先，你要站着不动，把心静下来。然后你要环顾四周，用心体会、用爱感觉、用所有的力量来品味，‘活着’就会赶上你了。”

当他把心静下来的时候，老人说：“你回头看看，我的兄弟来了。”

他一回头，老人不见了，却看见了从来没有看见的美丽的景色……

死与活，就在于心的回眸。解脱就在当下。你只要放下那个原来的自己，也就放下了原来的所有问题。而解脱，就是打破了心的壁垒，在更广阔的天空里翱翔。

乞求幸福

某人来到神面前祈祷："万能的神呀，请您赐予我幸福。"

神慈祥地望着他的子民："我的孩子，你今年多大了？"

那人回答："神啊，我今年60岁了。"

神感到奇怪："难道你60年来没有幸福过？"

那人摇摇头："我10岁时不懂得幸福；20岁时忙着追求学问；30岁时拼命挣钱购房买车；40岁时为求升迁与高薪而努力；50岁时我整天为孩子们的前途奔波；60岁时四处求医问药医治可恨的病痛……"

神叹了一口气："我可怜的孩子，我真的欠你太多的幸福。我将赐予你幸福，但你的心里充满了名利、烦恼、劳累与仇恨，孩子，你将在哪里安置我赐予你的幸福？"

那人恍然大悟，他抛弃了名利、烦恼、劳累与仇恨……，他成了智者。幸福是个最简单的东西，只要你把一切不属于它的全都放下，它就来了。

人生的"肥胖症"

利奥·罗斯顿是美国最胖的好莱坞影星，腰围189厘米，体重385磅。1936年在英国演出时，因心肌衰竭被送进汤普森急救中心。抢救人员用了最好的药，动用了最先进的设备，仍没挽回他的生命。

临终前，罗斯顿曾绝望地喃喃自语："你的身躯很庞大，但你的生命需要的仅仅是一颗心脏！”

罗斯顿的这句话，深深触动了在场的哈登院长，作为胸外科专家，他流下了泪。为了表达对罗斯顿的敬意，同时也为了提醒体重超常的人，他让人把罗斯顿的遗言刻在了医院的大楼上。

1983 年，一位叫默尔的美国人也因心肌衰竭住了进来。他是位石油大亨，两伊战争使他在美洲的 10 家公司陷入危机。为了摆脱困境，他不停地往来于欧亚美之间，最后旧病复发，不得不住进医院。他在汤普森医院包了一层楼，增设了 5 部电话和两部传真机。当时的《泰晤士报》是这样渲染的：汤普森——美洲的石油中心。

默尔的心脏手术很成功，他在这儿住了一个月就出院了。不过他没回美国。苏格兰乡下有一栋别墅，是他 10 年前买下的，他在那儿住了下来。

1998 年，汤普森医院百年庆典，邀请他参加。记者问他为什么卖掉自己的公司，他指了指医院大楼上的那一行金字。不知记者是否理解了他的意思。总之，在当时的媒体上没找到与此有关的报道。

后来我在默尔的一本传记中发现这么一句话：富裕和肥胖没什么两样，也不过是获得超过自己需要的东西罢了。你追求那么多东西，但是你真正需要的又有多少，了解自己的真实需求，把其他的一切慢慢放下，这样的人活着才是为了自己。

不同的听力

有一位长年住在山里的印第安人，因为特殊的机缘，接受一位住在纽约的友人邀请，到纽约做客。

当纽约友人引领着印第安朋友出了机场正要穿越马路时，印第对着纽约友人说：“你听到蟋蟀声了吗？”

纽约友人笑着说：“您大概坐飞机坐太久了，这机场的引道连到高速公路上，怎么可能有蟋蟀呢？”

又走了两步路，印第安朋友又说：“真的有蟋蟀！我清楚地听到了它们的声音。”

纽约友人笑得更大声了：“您瞧！那儿正在施工打洞，机械的噪声那么大，怎么会听得到蟋蟀声呢？”

印第安朋友二话不说，走到斑马线旁安全岛的草地上，翻开了一段枯倒的树干，招呼纽约友人前来观看那两只正高歌的蟋蟀！

只见纽约友人露出不可置信的表情，直呼不可能：“你的听力真是太好了，能在那么吵的环境下还听得到蟋蟀叫声！”

印第安朋友说：“你也可以啊！每个人都可以的！我可以向你借你口袋里的零钱来做个实验吗？”

“可以！可以！我口袋里大大小小的铜板有十几元，您全拿去用！”

纽约友人很快地把钱掏出来交给印第安友人。

“仔细看，尤其是那些原本眼睛没朝我们这儿看的人！”说完话印第安友人，把铜板抛到柏油路上。突然，有好多人转过头来看，甚至有人开始弯下腰来捡钱。

“您瞧，大家的听力都差不多，不一样的地方是，你们纽约人专注的是钱，我专注的是自然与生命。所以听到与听不到，全然在于有没有专注地倾听。”

人总是把心思集中在一个目标上，就这样成了目标的奴隶，再也无心去领略生命中的万千风景。自然中的一切，都有自己生命的意义、尊严与荣光，你为什么不可以？

静心

有一位小和尚，每次坐禅都幻觉有一只大蜘蛛在他眼前织网，无论怎么也赶不走，师父就让他坐禅时拿一支笔，等蜘蛛来了在它身上画个记号，看它来自何方。小和尚照办了，在蜘蛛身上画了个圆圈，蜘蛛走后，他安然入定了。

当小和尚做完功一看，那个圆圈就在他自己的肚子上。

这位小和尚坐禅时老觉得有一只蜘蛛跟他捣蛋，是因为心不静。佛家说心地不空，不空所以不灵。哲人说，许多困扰和烦躁往往来自自己。用物理学上的话说，两物不能同时并存于同一空间。这一物理定律同样可以用在心静方面。

下面这个故事，同样说明了心静的重要性。

一个富有的农夫在巡视谷仓时，不慎将一只名贵的手表遗失在谷仓里，他在偌大的谷仓内遍寻不获，便定下赏金，要农场上的小孩到谷仓帮忙，谁能找到手表，就给他50美元。

众小孩在重赏之下，无不卖力地四处翻找，但是谷仓内到处是成堆的谷粒，以及散置的大批稻草，要在这当中找寻小小的一只手表，实在是大海捞针。

小孩们忙到太阳下山仍无所获，一个接着一个放弃了50美元的诱惑，回家吃饭去了。

只有一个贫穷的小孩，在众人离开之后，仍不死心地努力找着那只手表，希望能在天黑之前找到它，换得那笔巨额赏金。

谷仓中慢慢变得漆黑，小孩虽然害怕，仍不愿放弃，手上不停摸索着，突然他发现在人声静下来之后，听见一种奇特的声音。

那声音“滴答、滴答”不停响着，小孩登时停下所有动作，谷仓内更安静了，滴答也响得十分清晰。小孩循着声音，终于在偌大漆黑的谷仓中找到了那只名贵的手表。如果你的内心不受复杂的外界干扰，让它平静下来，你就可以得到你想要的一切。

淡泊明志、宁静致远。拥有一颗宁静的心，才能从容面对人生。

构筑精神“战壕”

弗兰克是一位犹太裔心理学家，第二次世界大战期间，他被关押在纳粹集中营里受尽了折磨。父母、妻子和兄弟都死于纳粹之手，唯一的亲人是他的一个妹妹。当时，他本人常常遭受严刑拷打，死亡之门随时都有可能向他打开。

有一天，他在赤身独处囚室时，忽然悟出了一个道理：就客观环境而言，我受制于人，没有任何自由；可是，我的自我意识是独立的，我可以自由地决定外界刺激对自己的影响程度。

弗兰克发现，在外界刺激和自己的反应之间，他完全有选择如何作出反应的自由与能力。

于是，他靠着各种各样的记忆、想象与期盼不断地充实自己的生活和心灵。他学会了心理调控，不断磨炼自己的意志。他的自由的心灵早已超越了纳粹的禁锢。

这种精神状态感召了其他的囚犯。他协助狱友在苦难中找到了生命的意义，找回了自己的尊严。

弗兰克后来这样写道：

每个人都有自己的特殊的工作和使命，他人是无法取代的。生命只有一次，不可重复。所以，实现人生目标的机会也只有一次……归根到底，其实不是你询问生命的意义何在，而是生命正在向你提出质疑，它要求你回答：你存在的意义何在？你只有对自己的生命负责，才能理直气壮地回答这一问题。

在弗兰克生命中最痛苦、最危难的时刻，在弗兰克精神行将崩溃的临界点，他靠自己的顿悟，靠成功的心理调控，在自己内心深处构筑了一条防御能力极强的“战壕”，将那种最恶劣、最残酷的打击拒于身外、心外，不仅挽救了他自己，而且挽救了许多患难与共的生命。

其实，在我们的精神活动领域，在我们的日常生活里，在我们的事业中，在我们渴望成功，甚至正在走向成功的道路上，都会出现大大小小不同程度的挫折和失败，我们应该像弗兰克那样，通过心理调控去战胜自我，战胜环境，使自己安然地度过危机。人生不可能总是一帆风顺的，在遇到挫折和失败时，适当的心理调控使我们战胜一切挫折和失败。

两位淘金者

两个墨西哥人沿密西西比河淘金，到一个河汊分了手，因为一个认为到阿肯色河可以淘到更多的金子，一个认为去俄亥俄河发财的机会更大。

10 年后，入俄亥俄河的人果然发了财。他在那儿不仅找到了大量的金沙，而且建了码头，修了公路，还使他落脚的地方成了一个大集镇。如今，俄亥俄河岸边的匹兹堡市商业繁荣、工业发达，无不起因于他的拓荒和早期开发。

进入阿肯色河的人好像没有那么幸运，自分手后就没了音讯。有的说已葬身鱼腹，有的说已回了墨西哥。直到50年后，一个重2. 7公斤的自然金块在匹兹堡引起轰动，人们才知道了他的一些情况。当时，匹兹堡《新闻周刊》的一位记者曾对这块金子进行过追踪报道，他写道：“这颗全美最大的自然金块来自阿肯色，是一位年轻人在他屋后的鱼塘里捡到的。从他祖父留下的日记看，这块金子是他祖父扔进去的。”

随后，《新闻周刊》刊登了那位祖父的日记，其中一篇是这样的：

昨天，在溪水里又发现一块金子，比去年淘到的那块更大。进城卖掉它吗？那就会有成百上千的人涌向这儿，我和妻子亲手用一根根圆木搭建的棚屋，挥洒汗水开垦的菜园和屋后的池塘，还有傍晚的火堆、忠诚的猎狗、美味的炖肉、山雀、树木、天空、草原、大自然赠给我们的珍贵的静谧和自由，都将不复存在。我宁愿看到它被扔进鱼塘时激起的水花，也不愿眼睁睁地望着这一切从我眼前消失。

18世纪60年代，正是美国开始创造百万富翁的年代，每个人都在疯狂地追求金钱。可是，这位淘金者却把淘到的金子扔掉了。

也许会有许多人认为这是天方夜谭，甚至今天仍有人怀疑它的真实性。可是我始终相信它是真的。因为在我的心目中，这位淘金者是一个真正淘到金子的人。

欲望止息的时候，幸福悄然来临。它让你完全陶醉在生活里面，你真的不觉得，自己还需要再去追逐什么。最有价值的东西，常常无法用价值衡量。

心动则气散

郑成功在镇守台湾时，有一个和尚，横渡海峡，慕名投奔郑成功。这是位武功高强的“异僧”，他技击绝伦，袒臂端坐，你用刀砍他的肉身，就像砍石头一样，真是刀枪不入。当时郑成功正广纳天下豪杰，见此人有如此真功夫，就欣然将其留下。可是，过了不久，大家发现这个人开始傲慢无礼，素不奉法。郑成功当然不能容忍周围有这样的人，后来又听说他还常常连续几天不知去向，郑成功就怀疑他是否与海盗有牵连，于是就想干掉他。但苦于其武功高强，实在不敢轻举妄动。但此患不除，又怕后患无穷。郑成功就将这一“心事”和自己的爱将刘国轩说了。刘国轩一听，说：“不就是想干掉他吗？交给我好了！”

郑成功也不知刘国轩要以何种招法对付这个危险人物。但他知道刘国轩是个从不打无把握之仗的人。

那一天，刘国轩将该和尚邀来，坐在一起吃酒。两人边谈边饮。刘国轩知道他躯坚如铁，刀枪不入，就想从另一个侧面入手，问：“师傅是佛家人，但不知有女色近侍，是否动心？”那和尚说：“我参禅悟道可谓弥久，心坚如飘絮入泥，不会为轻风所动。”刘国轩说：“那好，咱们两个就比一比，看看谁真能在女色面前心旌不动。”

说着便命兵丁唤上十多个妙龄女郎，个个袒胸露乳，娇艳欲滴，柔情曼态，极尽天下之淫色。开始和尚真像没看见似的，依然谈笑自若。可是过了一会儿，随着这些靓女妮态媚眼，浪语淫声的频频“发作”，这和尚却闭上了眼睛。这时刘国轩拔剑一挥，和尚的人头惨然落下。刘国轩便立刻派人带着和尚的首级向郑大人报功。郑成功不解地问刘国轩：“靠什么法术取下本是刀枪不入的和尚的首级？”

刘国轩说："什么法术都没有，我也没练过气功。但我知道，人心定则气聚，心动则气散。这和尚一开始心确实没动，所以敢坦坦然然地谈笑。等到他闭上眼睛，说明他心已被牵动，只是强装镇定，所以我一刀下去，便很轻松地结果了他的性命。""心定则气聚"，而心为世相所动，不但要误事，而且还会殃身。

所以我们只有深得安详之道，才会活得踏实、活出"真我"。

第六辑

无怒无敌

怒，对人有百害而无一利，首先它对人的生理有伤害，现代医学证明：生气会导致人的血压非正常升高，燃烧筋骨里的脂肪，致使排泄困难。

其次，它对人际交往也有危害。怒，难免会对别人造成伤害，这种伤害一旦形成将很难消除，时间久了，容易到处树敌，使自己处于孤立的状态。

善意的微笑

斯坦哈德结婚已有18年了，这么多年来，从他起床到离开家这段时间内，他很难对自己的太太露出一丝微笑，也很少说上几句话。家里的生活很沉闷。

他决定改变这种状况。一天早晨他梳头时，从镜子里看到自己那张绷得紧紧的面孔，他就对自己说：比尔，你今天必须要把你那张凝结得像石膏像的脸松开来，你要展出一副笑容来，就从现在开始。坐下吃早餐的时候，他脸上有了一副轻松的笑意，他向太太打招呼：亲爱的，早！

太太的反应是惊人的，她完全愣住了，可以想象到，那是出于她意想不到的高兴，斯坦哈德告诉她以后都会这样。从那以后，他们家庭的生活完全变样了。

现在斯坦哈德去办公室，会对电梯员微笑着说：你早！去柜台换钱时，对里面的伙计，他脸上也带着笑容。他在交易所里时，对那些素昧平生的人，他的脸上也带着一缕笑容。

不久他就发现每一个人见到他时，都向他投之一笑。对那些来向他道“苦经”的人，他以关心的、和悦的态度听他们诉苦。而无形中他们所认为苦恼的事，变得容易解决了。微笑给他带来了很多很多的财富。

斯坦哈德和另外一个经纪人合用一间办公室，他雇用了一个职员，是个可爱的年轻人，那年轻人渐渐地对他有了好感。斯坦哈德对自己所得到的成就，感到得意而自傲，所以他对那年轻人提到“人际关系学”。那年轻人这样告诉斯坦哈德，他初来这间办公室时，认为他是一个脾气极坏的人。而最近一段时间，他的看法已彻底地改变过来。他夸斯坦哈德微笑的时候很有人情味！

斯坦哈德也改掉了原有对人的批评，把斥责人家的话换成赞赏和鼓励。他再也不讲我需要什么，而是尽量去接受别人的观点。这些事真实地改变了他原有的生活，现在斯坦哈德是一个跟过去完全不同的人了，一个更快乐、更充实的人。因拥有友谊和快乐而更加充实。微笑可以改变我们的面貌，让我们到处受到欢迎。当我们微笑的时候，我们的精神状态最为轻松，心理状态也就相对地稳定；充满着善意的微笑能够让对方感受到我们的亲切和喜悦，受到快乐情绪的感染，自然而然地，我们就赢得了更多的朋友和快乐。

学会宽容

上学的时候，每到开饭，食堂总排着长长的队伍。生性好动的我与同伴肆意打闹，嘻嘻哈哈。

一次，突然啪的一声，一只饭碗连同刚刚打出来的一碗白米饭被我扬起的手打翻在地，我惊呆了。那碗饭的主人——一个高大壮硕的男孩看了我一眼，我确信那只是极平淡的一眼。他一声不吭，捡了碗到水龙头下洗了洗，顾自又排队打饭去了。自始至终，他都没吭一声，也没看我第二眼。

我不知道他是出于宽容还是蔑视？然而我的心却被深深地震动了。那以后，我再不曾在公共场所打闹过，也再不曾为一点点小事与人脸红脖子粗。

真正的宽容不是摆设与表演，也不是退却与懦弱，它是生命中的大海，即便沉默着，也有着涵盖一切和关照一切的深度。

种下善因，收获善果

古罗马的大斗兽场几乎尽人皆知，对于那里面已经发生过千百次的人兽相搏，人们早就没有兴趣想象了。但那里出现过的一次奇迹，也许有的人还不曾听闻。

那次，在斗兽场上，人们把饿了好几天的狮子放了出来，当时缩在墙角的囚徒罗支莱斯颤抖着拎起长矛，默默地祈祷。他想自己快要完蛋了，但愿狮子能给自己留下一具全尸。

饿极了的狮子一眼就瞅到了墙角的人，它仰天长啸一声之后，便迫不及待地猛扑上去。罗支莱斯眼睛一闭，把长矛向前一刺，狮子却灵巧地避开了。就在这千钧一发之际，那只狮子突然停止了进攻，并且围着罗支莱斯打起了转转。然后它又忽然停了下去，缓缓地在罗支莱斯身边卧了下来，温顺地舔着他的手和脚。

全场顿时鸦雀无声。不一会儿猛地爆发出热烈的欢呼声。罗马皇帝也大为惊讶，破例把罗支莱斯叫到看台上来询问缘由。

原来在许多年前，罗支莱斯在路边发现了一只受了重伤的狮子，他小心翼翼地给狮子包扎了伤口并照料它直到伤口愈合，才送它回到森林。今天在斗兽场里遇见的正是这只狮子！

听完了罗支莱斯的讲述，罗马皇帝也大为感动，立即赦免了罗支莱斯。

也许有人下这样一个结论：一只狮子救了一个奴隶的性命，那么这是一个片面的结论。实际上应该这样说，救了罗支莱斯的是罗支莱斯本人，而不是那只饿极了当然同时也不失仁义的狮子。也就是说，正是他自己种下了善因，所以他才收获了善果。

放弃伤害别人的同时，也就救了自己。

原谅犯错之人

庙里有个老和尚和一个小和尚。

小和尚十分聪慧，颇具慧根。老和尚博学多才，把自己所学全部教给了小和尚，想让他以后继承自己的衣钵。

小和尚下山化缘，被外面的花花世界吸引，最终留在了尘世，没有回庙。

小和尚没有回来，老和尚以为他被人拐卖了，痛苦万分。

留在尘世的 20 年中，小和尚得到了很多，功成名就。

一天，当他看着窗外的流水、天上的浮云，他猛然醒悟！终于，他回到庙里，跪在老和尚面前，请求原谅。

小和尚失踪后，老和尚走遍了大半个国度，一直没有放弃寻找。可是今天，小和尚竟然回来了，请自己原谅，老和尚愤怒了！

老和尚看也不看小和尚，一边采着蘑菇，一边指着胸前的念珠，说道：“我能原谅你，可佛祖会原谅你吗？要我原谅你可以，除非这佛珠也能长蘑菇！”说完，拂袖而去。佛珠上怎能长蘑菇？知道师父不能原谅自己，失望的小和尚又回到了尘世……

第二天，老和尚睡醒了，一睁眼，就看到胸前的念珠，还有满满的木板床上，都长着大大的蘑菇。

老和尚顿然醒悟。

这世间有什么不能谅解呢？最宝贵的，其实是一颗真诚悔改的心呀！人非圣贤，孰能无过？当别人犯了错误的时候，我们一定要保持一颗宽容的心，善于原谅别人，这样，自己的生存空间会越来越宽阔！

换种心态思考

有个曾得过天花的人，脸上留下许多麻子，不知是这一原因或是别的原因，快 40 岁了还未娶到老婆。

有一天，他在街上行走的时候，前面一美丽的少妇回首向他嫣然一笑，他很奇怪："自己又不认识她，莫非她喜欢我？"不过一念之后，他又嘲笑自己："就是相貌平平的女人尚且不愿嫁给我，何况是如此的美妇。"

他也礼貌地对少妇点点头，继续走自己的路。过了一会儿，他又发现少妇回头对他招手微笑。

"莫非她真的对我有意？若是那样的话，良机不可失。"

于是他紧跟在少妇的后面，激动的心情夹着幻想令他陶醉。不一会儿，他们来到一住所前，少妇对他说："请你在此等我一会儿，我进去一会儿就出来。"

过了一会儿，她出来了，还带着两个小孩。没想到少妇已是两个孩子的妈妈，但他仍高兴地向小孩问好。接着，少妇对小孩说："叔叔小时候没有去接种疫苗，结果得了天花，原本漂亮的脸变成了今天这个样子，你们是去打针接种疫苗呢，还是想变成这个样子？”

“我们要去打针接种疫苗！”小孩立即答应了妈妈。

听了少妇与小孩的对话，他的心凉了一大截。还以为少妇对自己有意，原来是把自己当作小丑教育孩子。

他心里有些恼火，不过看到小孩因此而愿去打针接种疫苗，也算成就一件善事，他心里宽慰了许多。

当少妇请他进屋坐坐时，他自我解嘲地说：“谢谢你，不用了，天花使者还得去劝导其他小孩呢！”

从此以后，“天花使者”的美名渐渐传开。面对不如意的事，不要只是抱怨甚至愤怒，抚平自己的心境，换种心态或角度来思考，兴许你会有意想不到的收获。

发现你的个性

在海外华人中曾经声誉最高的两名中国人是“第一毛泽东，第二李小龙”。足可见“功夫之王”李小龙的武功十分了得。但是却很少有人知道，李小龙练武本来是有先天缺陷的。首先，他是近视眼，必须戴着隐形眼镜。

对此，李小龙坦诚地说：

“我从小就近视，所以我从咏春拳学起，因为它最适合做贴身搏斗。”

其次，他的两脚不一样长，右脚比左脚短五寸，但也正因为如此，他左脚专事远踢、高踢，如狂风扫叶；右脚专事短促的阻击性踢法或隐蔽性踢法，近身发腿如发炮。同时，两腿的不一致使他摆出的格斗姿势优美别致，独具特色，成为一种武功流派的典型。

“我接受我的极限，毫无怨言。”李小龙如是说。

当你觉得日子过得很累，工作干得很苦，那么，你就可能扮错了角色。当你不是你时，你就待错了地方，扮演了别人，这样不如生活在地狱，如鸟在水里鱼在天上。只有努力找出什么是自己，才知哪里是自己的天堂。

让鱼游泳，让鸟飞翔。了解自己最单纯的目的。当你做对了事，当你做着最适合你的事，当你的所作所为利己又利人而赢得人们尊敬时，幸福和成功就会携手而至。用一段空闲的时间，找一个安静的处所，认真地深刻地想一想自己的个性如何？世界上没有两片完全相同的树叶，也没有两个完全相同的人，每个人都有他独特的个性及特点，发掘你的才干和天赋，认清你的缺陷和劣势，做自己想做的事，不但成功与你有约，人生也会因此而更加精彩。

以德报怨

从前有个国王，名叫长寿；他有个儿子，名叫长生。邻国有个国王，凶狠残暴，大家都称他为恶王。

有一天，恶王带领军队，扑向长寿王的国家。长寿王不想造成人员伤亡，于是带着太子抛下王位，隐居到深山里。恶王顺利地占据了长寿王的国家，他派人到处搜寻长寿王的下落，宣布说：“有谁能捉住长寿王献来，赏给黄金万两。”但一直没能抓住长寿王。

有一天，长寿王在路旁的一棵大树下休息，恰好碰到一个从远方来的婆罗门，也在大树下休息。两人闲聊起来，那个婆罗门说自己是很贫穷的修道人，希望能得到长寿王的施舍。长寿王很感动，想起恶王悬赏捉拿他的事，便让婆罗王拿他的人头去领赏。开始婆罗门不肯，但长寿王认为自己能帮助他，让他不必谦让。于是两人一起来到王宫。

长寿王让卫士把自己捆绑起来，并马上去禀告恶王。恶王听说长寿王已找到，喜出望外，取出赏钱赏赐婆罗门。婆罗门便回国了。恶王派人在街头搭起行刑台，要在那里当众烧死长寿王。长寿王一眼看见儿子挤在人群中，唯恐儿子以后会替自己报仇，便仰天长叹，说不希望太子为他报仇，否则他死也不安心的。

长生心里愤愤不平，便偷偷地潜回城里，装扮成打零工的，混进恶王手下种菜。长生做得很好，受到大臣的赞赏，被提拔做了厨师。有一天，大臣请恶王到家里做客。恶王一尝到如此精美的饭菜，便把长生带回王宫，让长生专为自己做饭烧菜。

长生曲意奉承恶王，得到恶王极大的欢心和信任，被提拔做了贴身卫士。有一天，恶王带长生一起去打猎，两人迷路了。长生有几次想杀了恶王，但想到父亲的嘱咐，始终下不了手。后来他向恶王坦白自己就是长生，让恶王杀了自己，免得自己起杀心，做了不孝之人。恶王听了以后，非常感动，也非常后悔。回去之后，恶王宣布把国家交还给长生，两人结为兄弟，恶王带兵回了自己的国家。从此，这两个国家相互通好，和睦往来；人民也都安居乐业，享受太平。凡是受到别人不公正对待的人，基本上会有两种回应的办法。一是“以其人之道，还治其人之身”，也就是以怨报怨。你欺骗我，我也欺骗你，用这种方法来教训那些办坏事或破坏规则的人，他们吸取了教训或许会改弦易辙。

第二就是“以德报怨”。你对我搞阴谋诡计，我仍旧对你友好，这样做是基于相信人之初性本善。每个人都有善的基因，只要有足够的力量去启动，用善和广大的胸怀去感动他人，坏人也能变为好人。

与人方便才能与己方便

人们常听到这样一句话：与人方便，与己方便。是的，我们的生活中如果没有了关怀和爱心，人们就无法和睦相处。有时候，我们必须为他人的利益想想。

人与人之间需要相互帮助和高姿态，缺少这两样什么事也干不了。不要斤斤计较、小题大做，在给对方设一道门的时候，其实也把自己堵在了门外。

两个人在一架独木桥中间相遇了，桥很窄，只能容一个人通过。

两人都想着让对方给自己让路。

一个说：“我有急事，你让我先过。”

另一个人说：“我们谁也不愿让，那就同时侧身过桥。”

两人一想也对，就侧过身子脸贴脸地过桥。

这时一个人暗暗推了另一个人一把，另一个在挣扎中抓住了对方，两人同时掉进了水里。

墨子说：“恋人者，人必从恋之；害人者，人必从害之。”构建平和的心境，设身处地给予他人方便，这也是自己得到方便的根源。与人方便，与己方便，这是佛家教诲弟子常说的话。我们生活在一个复杂而庞大的社会体系之中，每个人都不可避免地会受到他人的影响，同时也影响着他人，没有人可以脱离集体而单独存在。充分发挥自己的能量，在你温暖别人的同时，别人也会对你感恩，并向你敞开一扇方便之门。这样，人与人之间的关系会更加和谐，世界也会因此而更加美好。

化敌为友

富兰克林总统年轻的时候，他把所有的积蓄都投资在一家小印刷厂里。他很想获得为议会印文件的工作，可是出现了一个不利的情形，议会中有一个极有钱又能干的议员，却非常不喜欢富兰克林，并还公开斥骂他。

这种情形非常的危险，因此，富兰克林决心使对方喜欢他。

富兰克林向他的敌人借10块钱？不是！他所请求的，令对方非常的高兴——这个请求触动了对方的虚荣心，使他觉得获得了尊重。这项请求，很巧妙地表示出富兰克林对对方的知识和成就的仰慕。

下面就是富兰克林自己叙述的经过：

“听说他的图书室里藏有一本非常稀奇而特殊的书，我就给他一封便笺，表示我极欲一睹为快，请求他把那本书借给我几天，好让我仔细地阅读一遍。

他马上叫人把那本书送来了。过了大约一个星期的时间，我把那本书还给他，还附上一封信，强烈地表示我的谢意。

于是，下次当我们在议会里相遇时，他居然跟我打招呼（他以前从来就没有那样做过），并且极为有礼。自那以后，他随时乐意帮忙，于是我们变成很好的朋友，一直到他去世为止。”

富兰克林离世已经一百五十多年，而他所运用的心理办法，也就是请求别人帮你忙的心理办法，可以说对我们今生今世都有效。给人充分的尊重与友爱，就是敌人也会变成朋友。有时会让你受益终生。

佛陀与弟子

世人对释尊的尊崇，曾引起一位弟子的嫉妒。有一次，那名弟子竟然当着释尊的面谩骂他。

可是，不管他骂出多么难听的字眼，释尊都沉默不语，不加理会。当他骂累了，释尊就问他：“如果有人想送礼物给对方，对方不肯接受，那么，这份礼物该属于谁呢？”

弟子不假思索地回答：“当然应该属于送礼的人呐。”

释尊笑着又问：“对呀，就像现在，你把我骂得一钱不值，但是如果我不肯接受，这些责难又该属于谁呢？”

弟子哑口无言，顿时觉悟到自己是多么无知和浅陋；他马上向释尊道歉，请求原谅，同时发誓从此以后再也不诽谤他人了。

释尊向众弟子们讲述过这段趣事后，进一步说法道：“学道之人如果挨了骂就马上反唇相讥，或存报复之心，那么，就如同向天空吐痰一般，不但不会刺伤别人，反而会溅到自己身上，弄脏自己，使自己受到污染，大家千万牢记。”生气只会令人难以消受，身心不安不乐，宛如蒙上一层阴影，失去了平日的光彩。尤其遭受侮辱时，简直无法纾解愤怒的情绪。若不讨回公道，积愤于胸，缠绕数日、数月、数年，甚至终生不能释怀。但若逞一时之快，讨回公道，虽疏解了愤恨之情绪。随后便有恐怖的阴影笼罩身心，挥之不去。结怨扯不平，便是打在心底的死结，一样令人终生不安不乐。

真正的解脱

一天我在班上，正好有几分空闲，便上网查看邮箱，看到一溜的新邮件。正在好奇地想又有什么消息，一个刺眼的发送者的名字蹿入眼帘，我顿时一阵激动，呼吸也开始微微发紧。这个发送者虽不是我的不共戴天的仇人，但正好是前天在上司面前和我大吵一架的同事。我犹豫了一下，最后还是打开了邮件。原来他想从我这里要一份材料。要是换了其他什么人，这材料我一定会给，没问题。偏偏今天他自己送上门来，正好出口气。我没好气地写了回邮拒绝了他。按了“发送”，心里一阵欢喜。

在接下来的一个小时，我上网查了几次邮箱，看他如何“蹦起来”发怒，但是他没有反应。一个小时，两个小时过去了，他那边还是没有动静。我发现我开始坐不住了，更糟的是，我几乎放不下这件事了。无论我去打水，还是和同事聊天，总是时不时地想去看看邮箱。我开始感到不愉快，闷闷的。本来高高兴兴的一天，就这样莫名其妙地给搅了。

我坐在椅子上想，到底是怎么回事？我的不愉快和焦虑，是因为我没有收到他的回邮，那么为什么他的回邮对我这么重要？因为我的邮件是要“出口气”的……我突然发现，我才是给自己制造不愉快的人，我强烈的争斗信念，给我带来了随后的焦虑和烦躁。如果我当时没有产生要教训他的心，不把我们之间的矛盾看得那么重，而是一视同仁，像对待其他同事那样对待他，我现在的心情会很轻松的。想到这儿，我开始为我的行为后悔。

下班回家后，发现他的回邮。打开一看，原来他也没生气，只是解释为什么需要那份材料。我把材料发给他，心里的不愉快也随之消失。我想，我不会再把生活中的摩擦看得那么重，少些争斗心，多些大度。心情激动的时候，你就已经掉进枷锁里了，被外来的东西给控制住了。真正的解脱，是摆脱各种情绪的控制，做一个真正自由的人。为什么你的喜怒哀乐要被别人控制呢？

假币的启示

终于熬到下课，辰盯住被一群叽叽喳喳女同学围着的老教授。好歹等女生们散尽，他才跨前一步，把钱递上。这时，辰脑袋嗡的一声响，大片空白，他感到一种灭顶之灾的降临。还好还好，老教授点点头，装在上衣兜里。

辰这一夜都没有合眼。那钱是单独交的，万一老教授发现了呢？为了进到这家文学院深造，他卖光了所有的药材，没想到该死的药贩子在交款时夹了三张假币！他已经没有更多的钱了，逼急了才出此下策，但他又怕被识破。同学们个个都是贵胄公子，只有他一个穷孩子，假币的事如果抖搂出来，他如何混得下去？

辰决定主动坦白。

次日，辰恭候在老教授上班必经的路上，见到他说："老师，昨天交的钱……"

老教授立刻板起脸来："别提你的钱！"

辰魂飞魄散。却听老教授说："早不交晚不交，偏我揣了你的钱，在市场上被小偷割了兜。"

啊呀，谢天谢地！辰一边偷开心，一边回到教室。这贼其实是帮了我呢，辰想。

兴奋之后，辰又陷入苦恼。毕竟老教授损失了那么多钱，并且直接怪他学费交得迟！想到老教授总穿一件皱巴衣服的寒酸样，他心里就凉了。辰想，好好努力吧，非出人头地不可，有朝一日我会加倍报偿这位善良无辜的老人。

辰勤学苦干，不断写出好文章，老教授时常当众夸赞。每当这时，辰就暗自说道：等着，老师。

学期满了，辰交了大运，一步登天，阔步文坛，名声大得吓人，辰从此再也不愁没钱了。

辰依然惦记着那可怜兮兮的老教授，该彻底了结这块心病了。他为老教授准备了一万元现金，专程来到北京。

老教授高兴："学生出了大名，不忘师德，这就好。"

吃饭时，辰鼓足全部气力，向老师认错："老师，我交给你的两千元学费中，混着三张该死的假币……"他眼圈红了，并结巴起来。

老教授哈哈大笑："三张假币你还没忘呢？在，我留着呢，如今积什么的都有，我积几张假币有何不可。"说着从一本影集中取出了当年的三张假币。

"老师，您不是说被贼给偷了吗？"辰目瞪口呆。

"假话，兴你假币就不兴我假话啦？"

"为什么？您当时完全可以拆穿我。"

老教授的脸立刻严峻起来："揭穿容易，但是我更知道一个山里来的孩子有多艰难，这样做对他产生的后果不堪设想，为了区区三百元灭杀一个人才，很不值。"

"老师"。辰扑通一声跪了下来，泪流满面，"不回去了。我还要跟您学几年。您一定要收留我！"每个人都需要更多机会，尤其是在做错事的时候。如果不给人机会，茫茫人海，有资格活下来的又有几个？

盲人提灯笼

一个苦行僧为了找到他心中的佛四处云游，吃尽了世间的苦，可是他依然未能找到他心中的佛。一日在一个漆黑的夜晚，这个远行寻佛的苦行僧走到一个荒僻的村落中。

漆黑的街道上，村民们默默地你来我往。苦行僧转过一条巷子时，他看见有一团昏黄的灯光正从巷子的深处静静地亮过来。他听到有个村民说："盲人过来了。"僧人听了十分吃惊，就问那个村民："那挑着灯笼的真是一位盲人吗？"

"他真的是一位盲人。"那人肯定地告诉他。苦行僧百思不得其解。一个双目失明的盲人，他没有白天和黑夜的一丝概念，提着灯他自己又看不见道路，他甚至不知道灯光是什么样子的，他挑一盏灯笼岂不令人觉得迷惘和可笑？

那灯笼渐渐近了，昏黄的灯光渐渐从深巷游移到了僧人的跟前。百思不得其解的僧人忍不住上前问道："很抱歉地问一声，施主真的是一位盲者吗？"

那挑灯笼的盲人回答他："是的，从踏进这个世界，我就一直双眼混沌。"

僧人问："既然你什么也看不见，那你为何挑一盏灯笼呢？"

盲人说："现在是黑夜吧？我听说在黑夜里没有灯光的映照，那么满世界的人都和我一样什么都看不见，所以我就点燃了一盏灯笼。"

僧人若有所悟地说："原来你是为别人照明啊？"

但那盲人却说："不，我是为自己！"

"为你自己？"僧人又愣了。

盲者缓缓问僧人："你是否因为夜色漆黑而被其他行人碰撞过？"

僧人说："是啊，这是经常会遇到的事情。就在刚才，还被两个人不留心碰撞过。"

盲人听了，就得意地说："但我就没有。虽说我是盲人，我什么也看不见，但我挑了这盏灯笼，既为别人照亮了，也更让别人看见了我，这样，他们就不会因为看不见而碰撞我了。"盲人的心怀宽广弘亮，灯光能够照别人的同时，更为自己提供了便利。有奉献才有回报，有付出才有收获。一个人在给予别人宽容和爱的同时，你也会得到别人的宽容和爱的。

装着骨灰的陶罐

有个乡下人，大年初一一开门，就发现有人在大门口放了一个装骨灰的陶罐。这事儿干得够缺德的，大过年，乡下人很忌讳这个。这人一琢磨就知道了，"好事"是邻村的仇人干的——其实也不是什么深仇大恨，也就是你拿了他的钉耙、鸡鸭不给，他挖了你的萝卜、青菜之类的小过节。

按说这事在村人眼中的确是犯了最大的忌讳——最快乐的时候硬添上最不快乐的色彩。就是圣明如孔夫子，遇到事儿还要骂一声"是可忍孰不可忍"，何况一村夫？骂是火力最低的，不过瘾的话还要打，因为村里人大多有着亲戚关系，所以这类事可能还会演变成两个村子的械斗。只是这么一来，骨灰怕是变成真的了。

那个乡下人没有声张，把陶罐拿到田里装了泥土，并种进一棵梅花。

第二年大年初一，花开了，他悄悄地把陶罐送回那仇人的门口。在这一天，仇人羞愧地来到这位乡下人家里赔礼道歉说："老兄，我输了。"当别人无论怎样都无法激起你的怒气，无法煽起你的恶意，你也就具备了别人无法企及的人格，那就真的不是在一个层次上了，你真要比对方高出好多。

认识自己

一个少年去拜访一位年长的和尚，人们都称他为智和尚。少年问:“我如何才能变成一个自己愉快，也能够给别人愉快的人呢?”

智和尚笑着对他说:“孩子，你有这样的愿望已经是很难得了。有很多比你年长的人，从他们问的问题本身就可以看出，不管给他们怎样解释，都不可能使他们真正明白重要的道理，就只好随他们去了。”

少年满怀虔诚地听着，脸上没有丝毫得意之色。

智和尚接着说:“我送给你四句话。第一句话是：把自己当成别人。你能说说这句话的含义吗?”

少年回答说:“您是不是说，在我感到忧伤的时候，就把自己当成是别人，这样痛苦就自然减轻了；当我欣喜若狂之时，把自己当成别人，那些狂喜也会变得平淡一些?”

智和尚微微点头，接着说:“第二句话，把别人当成自己。”

少年沉思一会儿，说:“这样就可以真正同情别人的不幸，理解别人的需求，而且在别人需要的时候给予帮助?”

智和尚两眼发光，继续说道:“第三句话，把别人当成别人。”

少年说:“这句话的意思是不是说，要充分地尊重每个人的独立性，任何情形下都不可侵犯他人的核心领地?”

智和尚哈哈大笑:“阿弥陀佛，孺子可教也。第四句话是，把自己当成自己。这句话理解起来太难了，留着你以后慢慢品味吧。”

少年说:“这句话的含义，我一时体会不出。但这四句话之间有许多自相矛盾之处，我用什么才能把它们统一起来呢?”

智和尚说:“很简单，用一生的时间和阅历。”

少年沉默了很久，然后叩首告别。

后来少年变成了壮年，又变成了老人。再后来在他离开这个世界很久以后，人人都还时时提起他。人们都说他是一位智者，因为他是一个愉快的人，而且也给每一个见到过他的人带来了快乐。认识别人，被别人认识，认识自己，用一颗真诚的心将三者统一。把别人当成自己，把自己当成别人，关键在于认识自己。弄懂了这个道理，你就会成为近于完美的人。

感恩的心

那是在洛杉矶郊县的一个早晨，戴尔正在一所旅馆大堂的餐厅里就餐，他看见有三个黑人孩子，正趴在餐桌上写着什么。当问他们在做什么时，年纪最大的孩子回答说正在写感谢信。

他那副理所当然的神情让戴尔十分疑惑。这三个小孩一大早起来写感谢信？戴尔愣了一阵后追问道："写给谁的？"

"给妈妈。"

戴尔更加好奇。

"为什么？"戴尔又问道。

"我们每天都写，这是我们每日必做的功课。"孩子回答道。

哪有每天给妈妈写感谢信的？戴尔感到困惑不已。他凑过去看他们写的信。老大在纸上写了八九行字，妹妹写了五六行，小弟弟只写了两三行。再仔细看其中的内容，却是诸如"路边的野花开得真漂亮""昨天吃的比萨饼很香"、"昨天妈妈给我讲了一个很有意思的故事"之类的简单句子。

戴尔心头一震。原来他们写给妈妈的感谢信，是记录他们幼小心灵中感觉很幸福的一点一滴，而不是专门感谢妈妈给他们帮了多大的忙。他们还不知道什么是感恩，但知道对于每一件美好的事物都应心存感激。他们感谢母亲辛勤的工作、感谢同伴热心的帮助、感谢兄弟姐妹之间的相互理解……他们对许多我们认为是理所应当的事，都自然而然怀有一颗“感恩的心”。

感恩不一定要感谢谁的大恩大德，但它可以是一种生活态度，一种善于发现美并欣赏美的道德情操。生命本该充满了感动。如果你努力成为更好的自己，努力为别人付出，你就会发现，有那么多人也和你走着一样的路，一样用心去爱着这个世界，你就会觉得自己并不孤独，全世界哪里都有你的弟兄，哪一个都值得你感动。

将快乐与人分享

有一个小和尚怕麻烦师父，所以迟迟不敢再问，他对虚尘大师说：“师父，您知道吗？您给我的答案我又忘记了。我很想再次请教您，但想想我已经麻烦您许多次了，不敢再去打扰你！”

虚尘大师对他说：“先去点燃一盏油灯。”小和尚照做了。

虚尘大师接着又说：“再多取几盏油灯来，用第一盏灯去点燃它们。”

小和尚也照着做了。

虚尘大师便对他说：“其他的灯都由第一盏灯点燃，第一盏灯的光芒有损失吗？”

“没有啊！”小和尚回答。

“所以，我也不会有丝毫损失的，欢迎你随时来找我。”

是的，有多少黑暗是我们自己造成的？一盏灯点燃另一盏灯，却无损自身的光芒。将快乐和知识与人分享的时候，对自己并不会有任何的损失，反而能够产生更大的喜悦和满足。

大度

相传春秋时期，楚王请了很多臣子们来喝酒吃饭，席间美酒佳肴，歌舞曼妙，烛光摇曳。酒至兴处，楚王命令两位他最宠爱的美人许姬和麦姬轮流向各位敬酒。

忽然一阵大风刮过，吹灭了所有的蜡烛，厅堂里漆黑一片。席上一位官员乘机摸了许姬的玉手。许姬一甩手，扯了他的帽带，匆匆回到座位上，并在楚王耳边悄声说：“刚才有人乘机调戏我，我扯断了他的帽带，你赶快叫人点起蜡烛来，看谁没有帽带，就知道是谁了。”

楚王听了，连忙命令手下先不要点燃蜡烛。接着大声向各位臣子说：“我今天晚上，一定要与各位一醉方休。来，大家都把帽子脱了痛饮几杯。”众人都没有戴帽子，也就看不出是谁的帽带断了。

后来楚王攻打郑国，有一位勇士独自率领几百人，为三军开路。他过关斩将，直捣郑国的首都。此人就是当年摸许姬手的那一位。他因楚王施恩于他，而发誓毕生效忠于楚王。

楚王表现出了一代霸主的大度。在当时男女授受不亲的社会风气下，当事人还是国王的宠姬，楚王非但不治罪，还想办法替他遮羞，这种胸襟，即便是别有用心，也能光耀千古了。想想古人的作为，再想想我们自己。有多少回我们为了一件无关痛痒的过失而和朋友翻脸？“人非圣贤，孰能无过”。很多时候，我们都需要宽容，得饶人处且饶人，这不仅是给别人机会，更是为自己创造机会。

克己制怒

小玲有一次因家务事，与丈夫发生争吵，由于语言过激，两人互相打斗起来。小玲一怒之下，背过气去，丈夫见此状急忙收手，马上惊呼救人。小玲在众人一阵手忙脚乱的掐人中、拍胸口、捶后背的救治下，总算缓过这口气来。可是她落下了终身都无法治愈的毛病，手脚抖动，给自身及家庭生活造成了意想不到的伤害和不便，以至后悔莫及。

俗话说：气大伤身后悔迟，像小玲这样无节制地动怒，给自己招来无妄之灾，实在是不值得。

现代医学认为，人在发怒时，体内的肾上腺素含量显著增高，交感活动性物质增加，诱发肾素——血管紧张素增加，促使小动脉收缩痉挛，致使血压升高。同时，发怒时会使人体内肾上腺激素含量增高，会导致心跳加快，耗氧量增加，冠状动脉痉挛，心肌缺血，心绞痛，心律失常等。愤怒还可以使人的食欲降低，消化不良，出现消化系统功能紊乱。

发怒既对身心有害，那么是不是一定要把怒火压在心底呢？当然不是。

实践证明，发怒固然有损健康，但怒而不泄同样对健康无益。英国一位权威心理学家认为，积贮在心中的怒气就像一种势能，若不及时加以释放，就会像定时炸弹一样爆发，可能会酿成大难。正确的态度是疏泄怒气，适度释放，可将心中的不满坦率地讲出来，找知己好友无所顾忌地倾听、写信、写日记，使怒气在字里行间得到排解。

还可到室外打球、跑步、爬山，呼吸新鲜空气，让怒气与汗水一起流淌出来；亦可通过情绪转移的方式，或埋头工作，或欣赏一场音乐、戏曲，以求得心理平衡。容易动怒的人们，光知道如何排解怒气还是不行，最主要的是如何让自己制怒，学会让自己尽量不发脾气，不轻易动怒，才是上策。这就要有一颗包容的心，事事宽解为怀。

人生和打牌

艾森豪威尔是美国第 34 任总统，他年轻时经常和家人一起玩纸牌游戏。一天晚饭后，他像往常一样和家人打牌。这一次，他的运气特别不好，每次抓到的都是很差的牌。开始时他只是有些抱怨，后来，他实在是忍无可忍，便发起了少爷脾气。

一旁的母亲看不下去了，正色道："既然要打牌，你就必须用手中的牌打下去，不管牌是好是坏，好运气是不可能都让你碰上的！"

艾森豪威尔听不进去，依然愤愤不平。母亲于是又说："人生就和这打牌一样，发牌的是上帝。不管你手中的牌是好是坏，你都必须拿着，你都必须面对。你能做的，就是让浮躁的心情平静下来，然后认真对待，把自己的牌打好，力争达到最好的效果。这样打牌、这样对待人生才有意义！"

艾森豪威尔此后一直牢记母亲的话，并激励自己去积极进取。就这样，他一步一个脚印地向前迈进，成为中校、盟军统帅，最后登上了美国总统之位。

上帝发的牌总是有好有坏，一味埋怨是没有半点用处的，也无法改变现状。印度前总统尼赫鲁也曾经说过这样一句话："生活就像是玩扑克，发到的那手牌是定了的，但你的打法却取决于自己的意志。"一个人所处的环境靠个人也许无力改变，但如何适应环境则是自己完全可以控制的。人的一生难免会碰上许多问题，遇到不少挫折，在面对问题和挫折时，怨天尤人解决不了任何问题；积极调整好生活态度，勇敢地迎接人生的挑战，并尽最大的努力去做好每一件事，这才是最佳的选择！

防怒于未然

有这么一个头脑简单、爱生气发怒的二愣子，他常常听到别人家的狗叫就跺脚跺上半天。他也知道自己脾气不好，可就是改不了，经常为自己脑袋少根筋烦恼不已。

这时候有人跟他开玩笑说："有钱能使鬼推磨，你干吗不用些钱去买智慧呢？城东安国寺有个聪明的一休和尚，你可以花钱从他那儿买些智慧啊。"

这个二愣子还当了真，竟连夜跑去找一休师父说："只要你能教我如何克制自己的怒气，变得聪明，我就愿意花钱买你的智慧。"

一休笑呵呵地回答："很简单啊，我教给你 10 个字，'小怒数到十，大怒数到千'，这样子就可以了。"

二愣子没想到这么简单："这么容易啊。多少钱一个字？"

“我的智慧很贵，每个字要十两银子！”一休回答。

“你这不是宰人吗？”二愣子忍不住狠狠骂了一休一顿，气冲冲地赶回家里，发现自己的老婆正跟另外一个人并头睡在一起！

“好啊，这个贱人竟然趁我不在勾引野男人，还睡到我的家里！”怒火中烧的他转身操起把菜刀，就想冲进去砍了这对“奸夫淫妇”。

这时候他猛然想起一休教他的10个字，就强忍着怒火，开始在心里数数。

刚数到8的时候，那个“奸夫”突然醒了过来，看着二愣子拿把菜刀站在自己面前，吓了一跳说：“儿啊，你拿着菜刀来这里做什么！”

原来是二愣子的母亲看儿子迟迟不归，特地过来陪儿媳妇聊天。两人等得困了，就睡在一起。

二愣子惊出了一身冷汗，心想：“幸亏有这些买来的智慧，不然我已经杀了我老娘了！”

此时，这个二愣子觉得花一百两银子买来这些智慧简直是捡了个天大的便宜。西方有句谚语：“上帝要想让他灭亡，必先使他疯狂！”愤怒就像决堤的洪水那样淹没人的理智，让人做出不可思议的蠢事。

历史上，怒火烧掉了不少辉煌灿烂的一代王朝。不管是君王一怒沙场见，还是冲冠一怒为红颜，多少人为此死无葬身之地，大批珍贵的物质财富化为灰烬。据统计，怒火给人类造成的损失比全世界烧掉的煤炭还要多出成百上千倍。

怒气犹如藏在人体中的一桶烈性炸药，随时都可能酿成大祸。炸掉的既可能是自己的身体，也可能是自己的事业，甚至是自己最高贵的生命。

但是要真正做到遇事不怒，我们还得治本，就得从平时加强自我道德修养、培养良好性格、保持乐观向上的精神等等，这样才能够防“怒”于未然。

人格的高低

唐开元年间有位梦窗禅师，他德高望重，既是有名的禅师，也是当朝国师。

有一次他搭船渡河，渡船刚要离岸，这时远处来了一位骑马佩刀的大将军，大声喊道："等一等，等一等，载我过去！"他一边说一边把马拴在岸边，拿了鞭子朝河边走来。

船上的人纷纷说道："船已开行，不能回头了，干脆让他等下一回吧。"船夫也大声回答他："请等下一回吧！"将军非常失望，急得在水边团团转。

这时坐在船头的梦窗禅师对船夫说道："船家，这船离岸还没有多远，你就行个方便，掉过船头载他过河吧！"船夫看到是一位气度不凡的出家师父开口求情，只好把船开了回去，让那位将军上了船。

将军上船以后就四处寻找座位，无奈座位已满，这时他看到了坐在船头的梦窗禅师，于是拿起鞭子就打，嘴里还粗野地骂道："老和尚！走开点，快把座位让给我！难道你没看见本大爷上船？"没想到这一鞭子下来正好打在梦窗禅师头上，鲜血顺着脸颊汩汩地流了下来，禅师一言不发地把座位让给了那位蛮横的将军。

这一切大家都看在眼里，心里是既害怕将军的蛮横，又为禅师的遭遇感到不平，纷纷窃窃私语：将军真是忘恩负义，禅师请求船夫回去载他，他还抢禅师的位子并且打了他。将军从大家的议论中，似乎明白了什么。他心里非常惭愧，不免心生悔意，但身为将军却拉不下脸面，不好意思认错。

不一会儿，船到了对岸，大家都下了船。梦窗禅师默默地走到河边，慢慢地洗掉了脸上的血污。

那位将军再也忍受不了良心的谴责，上前跪在禅师面前忏悔道："禅师，我……真对不起！”梦窗禅师心平气和地对他说：“不要紧，出门在外难免心情不好。”“如果有人打了你的左脸，你就把右脸也伸过去给他。”

这不是怯懦和退让，而是人性中的宽容和理解。我们无法效仿禅师，但是生活中多一些起码的宽容和尊重，那又会是什么样子呢？

房间里的老鼠

因为住屋有油漆味，戴维到附近一家很清静的小旅馆去避居几日。他带的行李只是一个装着两双袜子的雪茄烟盒，另有一份旧报纸包着一瓶酒，以备不时之需。

午夜左右，戴维忽然听到浴室中有一种奇怪的声音。过了一会儿，出来了一只小老鼠，它跳上镜台、嗅嗅他带来的那些东西。然后又跳下地，在地板上做了些怪异的老鼠体操，后来它又跑回浴室，窸窸窣窣，不知忙些什么，终夜不停。

第二天早晨，戴维对打扫房间的女服务员说：“这间房里有老鼠，胆子很大，吵了我一夜。”

女服务员说：“这旅馆里没有老鼠。这是头等旅馆，而且所有的房间都刚刚油漆过。”

戴维下楼时对电梯司机说：“你们的女服务员倒真忠心。我告诉她说昨天晚上有只老鼠吵了我一夜。她说那是我的幻觉。”

电梯司机说：“她说的对！”

戴维的话一定被他们传开了。柜台服务员和门卫在戴维走过时都用怪异的眼光看他：此人只带两双袜子和一瓶酒来住旅馆，偏又在绝对不会有老鼠的旅馆里看见了老鼠！

无疑，戴维的行为替他博得了近乎荒诞的评语，那种娇惯任性的孩子或是孤傲固执的老人病夫所常得到的评语。

第二天晚上，那只小老鼠又出来了，照旧跳来跳去，活动一番。戴维决定采取行动。

第三天早晨，戴维到店里买了只老鼠笼和一小包咸肉。他把这两件东西包好，偷偷带进旅馆，不让当时值班的员工看见。第二天早上他起身时，看到老鼠在笼里，既是活的，又没有受伤。戴维不预备对任何人说什么。只打算把它连笼子提到楼下，放在柜台上，证明自己不是无中生有地瞎说。

但在准备走出房门时，他忽然想到："慢着！我这样做，岂不是太无聊，而且很讨厌？是的！我所要做的是爽爽快快证明在这个所谓绝对没有老鼠的旅馆里确实有只老鼠，从而一举消灭它。我以雪茄烟盒装两双袜子，外带一瓶酒（现在只剩空瓶了）来住旅馆而博得怪人畸形的光彩。我这样做，是自贬身价，使我成为一个不惜以任何手段证明我没有错的器量狭窄、迂腐无聊的人……"

想到这儿，戴维赶快轻轻走回房间，把老鼠放出，让它从窗外宽阔的窗台跑到邻屋的屋顶上去。

半小时后，他下楼退掉房间，离开旅馆。出门时把空老鼠笼递给侍者。厅中的人都向戴维微笑点头，看着他推门而去。在生活中，一定要避免无关紧要的争论。在很多情况下，为了证明自己的正确，伤害别人的面子，牺牲你的人缘，是不值得的。

第七辑

无怨成佛

现实中，我们有太多的怨气，工作不够理想，事业不够成功，赚钱没别人多，老婆没别人的漂亮，孩子没别人的聪明……唯心中有佛的人才能化解这些怨气。怨气来时，让我们如佛般轻轻微笑，让怨气在微笑里化为一缕轻烟，就如它不曾来过。

体会生命中的情趣

世上充满了有趣的事情，可是生活中的大多数人都竭尽全力地追逐自己的目标，却忽视了生命中无数的乐趣。

生活也是一门艺术，生活要过得简单而不乏味，有情趣而不孤异，只有这样，你才能够领悟人生的真谛，感受生活的美好。

芝加哥的约瑟夫·沙巴士法官，他曾审理过4万件婚姻冲突的案子，并使两千对夫妇复和。他说："大部分的夫妇不和，根本是肇因于许多琐屑的事情。诸如，当丈夫离家上班的时候，太太向他挥手再见，可能就会使许多夫妇免于离婚。"

劳·布朗宁和伊丽莎白·巴瑞特·布朗宁的婚姻，可能是有史以来最美妙的了。他永远不会忙得忘记在一些小地方赞美她和照顾她，以保持爱的新鲜。他如此体贴地照顾他的残废的太太，结果有一次她在给姊妹们的信中这样写道："现在我自然地开始觉得我或许真的是一位天使。"

简单的生活琐事，可能会给你带来不同的结果，就看你是不是掌握了生活的艺术。

真正懂得乐观地去生活的人，是因为他的生活富有情致。

任何人都想过幸福且充满活力的人生。除了要保持愉悦的生活情绪外，时时接受新事物的挑战也显得格外重要。

年龄虽大但依然精力充沛的人，多半是不断接受挑战的人。努力对很多事物充满兴趣，寻找新的挑战，并且去体验一些新的发现，会帮助你打破乏味的生活方式。

这就像卡耐基先生的一句话：

“只要生活有情趣，我们将不会老是踩在马路上的香蕉皮上。”生命中，除了一些我们必须达到的目标以外，还有一些美好的风景也同样引人入胜。用心体会生命的情趣，我们会得到精神的慰藉和情感的升华，让我们以一种轻松愉悦的心情去追逐前方的目标；适时地接受生活中的新鲜事物，生活不再枯燥，旅途也不会特别劳累。

幸福就在你身边

丽莎两周来一直吃着不涂黄油的烤面包片，而且冒着严寒在公园各处慢跑，然后她爬上浴室的磅秤，指针依然停在锻炼前所指的数字上。她感到这跟她近来的所有遭遇一样给她以打击，她觉得自己是命中注定永远不会幸福的。

她在穿衣服时，对着紧绷绷的牛仔裤紧皱眉头，这时却在裤兜里发现20块钱。接着她姐姐打来电话说了件趣事。正当她急急忙忙向车子跑去，为还得加汽油而恼怒不已时，却发现室友已经替她加满了油箱。而丽莎仍然是一位自认为永远不会幸福的女人。

你也许不会说昨天是一个幸福的日子，因为你和同事发生了误会。但是难道就没有幸福的时刻、安详宁静的时刻？那么你想一想，有没有收到过老朋友的来信，或者，有没有陌生人问你这么漂亮的发式在哪做的？你记得过了一个不愉快的日子，但也不要忘记那美好的时刻也曾经降临过。

幸福就像一位和蔼可亲、带有异国情调的来串门的老朋友，他在你最料想不到的时刻来临，阔绰地请你喝酒，酒过一巡后翩然离去，留下一丝栀子的清香。你不可能命令他来临，只能在他出现时欣赏他。你也不可能强求幸福的到来，但当它降临时，你肯定能够感觉到。

当你带着满脑子的问题，走在回家的路上时，竭力留心太阳怎样把城市的窗户点着了“火”，倾听在渐暗的暮色里嬉戏的孩子们的喊叫声，你就会感到精神振奋，仅仅就因为你留心了。

幸福无处不在，关键在于你如何去发现，幸福是在擦拭百叶窗时聆听一曲咏叹调，或者是愉快地花一个小时整理壁橱。幸福是一家团聚，共进晚餐。它存在于现实，而不是未来的遥远期望。我们如果能钟情于正在经历的生活，就会感到更加幸运，并且会体验到更多的幸福。幸福是要靠自己来把握和创造的，关键在于我们要有一颗善于感悟的心灵。不会欣赏每日的生活是我们最大的悲哀。其实我们不必费心地四处寻找或整日抱怨，关注和感谢我们所拥有的一切，你会发现，幸福就在我们的身边。

脱离容貌的阴影

美国北卡罗来纳州的艾迪·奥瑞得太太讲述了她的一段亲身经历：

“当我还是小孩子的时候，就非常的敏感且害羞，那时我的体重远超过正常标准，加上圆圆的脸颊，使我看起来更显得胖拙。我的母亲是一位思想古板且保守的旧时代女性，她认为把自己打扮得漂漂亮亮，是一件非常愚蠢的事情。她经常告诉我，衣服要穿得宽松一点才像样，因此从小我的穿着就是宽宽大大的毫无美感。我从来没有参加过派对，也没有自己的娱乐，当我在学校的时候，我从来不加入同学们的游戏中，更别提体育活动了。那时候我就发觉到我的害羞几乎是一种病态，大家都用异样的眼光来看我，很显然，我已经不受大家的欢迎了。长大成人之后，嫁给大我几岁的丈夫，但是结婚并没有改变我。我的婆家是一个大家族，在他们认为理所当然的事，我却没有经历过，为了能和他们打成一片，我尽力去改变我自己，想成为一个像他们一样的人。可是，我却无法达成心愿，每当他们想要帮助我脱离生活阴影时，却往往使我的内心更为紧缩。

“从此，我的性情变得非常地紧张与暴躁，不再和朋友接触，此后，我的情况愈来愈糟，甚至连听到门铃都会害怕，我自觉已无药可救了。但是，我又害怕我的丈夫知道我的隐痛，所以，每当我们一起出现在公共场合时，我刻意表现出我是多么的乐于与人相处，但是，很不幸地，我却常常因为表现过度而适得其反。我的日子愈来愈难过，我的内心产生一种强烈的感觉，就是不想再在这个世界上多待一分钟，自杀的念头也出现在我的脑海中。

“后来我突然开窍了。仅仅是被指点了一下，就改变了我的一生。有一天婆婆和我谈到她教育孩子的方式，她对她的孩子说，不论遭遇什么事情都要‘坚持自我’。……‘坚持自我’……它到底是什么？这个意念在我脑海中盘旋着，突然间我领悟到，这些年来，就是因为我一直在想成为一个不是自己的人，才使我陷入痛苦的深渊。第二天我就整个改变过来了，我开始有了自我的生活，我试着去了解自己的个性、去了解自己到底是一个怎样的人以及自己的优点。我绞尽脑汁在服装的配色与样式上把‘自我’给穿出来，我伸出我的双手走向人群，我还加入了一个小规模的社团。当他们第一次安排我演出的时候，我在台上手脚不听使唤，内心慌乱得不知所措。但是，就从每一次的演出中，磨炼出我的勇气，经过一段相当长的时间，我终于尝到了以前做梦也不敢想的快乐滋味。自从有了自己的孩子以后，我也经常将我亲身体验中获得的启示，用来教育他们。”

我们的世间是有漏的世间，有缺漏、不完美是世间的真相。人生有一点缺陷，可以激发我们向上向善的力量。不要因容貌而闷闷不乐，肌肤毛发原本是受之于父母的，我们无法选择，但是除此之外我们还有很多别的选择，这些对我们的人生更有意义！

放下屠刀，立地成佛

无德禅师教徒弟非常严格，在他座下，有一位沙弥在走夜路时，不小心踩死了一只青蛙。

无德禅师知道了以后，就非常严厉地教训道：“你怎么可以随便踩死生灵呢？这是犯了杀生根本大戒，为免业报轮回，你应该到后山跳下悬崖去舍身谢罪吧！”

沙弥一听，刹那间犹如五雷轰顶，这才知道闯下大祸，只好拜别师父，万分伤心地走到悬崖，预备殉身谢罪，但往下一看，唉哟！峭壁悬崖，只要往下一跳，立刻粉身碎骨，此时命在须臾，沙弥心想：跳下去，必死无疑；不跳呢，违背师父的指示，这可怎么办呢？沙弥左思右想，真是进退两难，忍不住掩面痛哭了起来。

就在他哭得伤心的时候，有一个杀猪的屠夫刚巧经过此山，看到沙弥跪在路旁哀哀痛哭，便上前问道：“小师父！你为什么在此哭得如此伤心？”

沙弥回答道：“我踏死一只青蛙，师父要我跳崖自杀，忏悔谢罪！”

屠夫一听，顿时悲从中来，悔恨万分道："小师父啊！你不过无心踏死一只青蛙，罪孽就这么重，要跳崖才能消业。我天天杀猪，屠来宰去，满手血腥，这罪过岂不无量无边，不知有多深多重。唉！小师父呀！你不要跳崖自杀，让我跳吧！让我来代你谢罪赴死！"

屠夫一念忏悔心起，就毫不迟疑地纵身朝悬崖一跳，正当他随风飞坠，眼见就要命丧深谷时，一朵祥云冉冉从幽谷中升起，不可思议地托住了屠夫的身子，救回了他的生命。

"放下屠刀，立地成佛"这个典故，就源于此！生活是现实的，总是在对与错的交错中度过。任何人都不可避免地会犯错误，关键在于犯了错误而不知悔改。只要勇于认错，积极悔改，就不必对过去的错误耿耿于怀。应该学会宽容自己、宽容他人。

我还活着

一天，一个年轻人在过桥时不慎连人带自行车一头栽进一丈多深的河中。谁知，眨眼工夫，这个年轻人像游泳时扎了一个猛子般从水里冒了出来，围观的人将他拉了上来。上岸后那汉子竟没有半丝悲哀，却"哈哈"大笑起来。

人们惊奇，以为他吓疯了。有人好奇地问他："笑啥？"

"笑啥？"年轻人停住笑反问，"我还活着，并且连皮毛都没伤着，还不值得笑？"世上再没有比活着更值得庆幸的了。明白了这个道理，人生才会充满欢乐，也不致于在骑车落水这样的事情中悲伤自哀。

测试真诚

日本社会关系学专家谷子博士讲过这样一个故事。

有一富翁为了测试别人对他是否真诚，就假装生病住进医院。结果，那富翁说："很多人都来看我，但我看出其中许多人都是为了分割我的遗产而来的，特别是我的亲人。"

谷子博士问他："你的朋友来看你了吗？"

"经常和我有往来的朋友都来了，但我知道他们不过是当做一种例行的应酬罢了。"

"还有几个平素和我不睦的人也来了，我想他们肯定是听到我病重的消息，幸灾乐祸来看热闹的。"

照他的说法，他测验的结果就是：根本没有一个人对他有真正的感情。

谷子博士就告诉他："为什么我们苦于测验别人对自己是否真诚，而从来不测验一下自己对别人是否真诚呢？"

这个社会上谁都不傻，人心都是肉长的，你对人家虚情假意，怎么会希望人家对你真心实意呢？你付出猜疑一定会得到猜疑，这就是你亲手种下的种子，里面是长不出真诚的。所以，埋怨别人的时候，应该先埋怨自己才是。

奇迹

面对生活的不幸是放弃还是抱怨，还是勇敢地面对，其实在放弃消极态度的同时，你也便拥有了另一种人生。下面这位老太太的经历是凭借信仰的帮助，克服困难而达到目标的最佳例证。

我是一个六十多岁的老太太。我要告诉你，我就是因为信仰而产生了奇迹。很抱歉的是，我没有受过什么教育，也不太会写字，但是，我会尽力告诉你，我人生中遇到的第一个大麻烦和我是如何运用信仰的力量来克服的。

我生下来便是一个肢体残疾人，胯骨错位。医生说我这辈子将无法走路。但是，当我慢慢长大，看见别人能走路时，我便在心里祈祷上帝帮助我，我也要走路。我知道上帝很爱我。那年我已 6 岁，还不会走路。我的心碎了，但上帝竟让我扶着两把椅子站了起来。但我一开步走，便倒了下去。我告诉自己，绝不可以放弃。我不断地向上帝祈祷，一次又一次地尝试，直到我能真正站起来好几秒钟。我无法形容内心的狂喜，不断地尖叫要我妈妈来看，我站起来了！我能走路了！

可惜，我一走动，便又跌了下来。我无法忘记当时我的父母有多喜悦。当我再尝试时，母亲递给我一把扫帚，她抓着另一头，叫我一步一步朝前走。她的鼓励加上我自身的毅力，我居然能走医生所谓的鸭子步了！自此，我生活非常快乐。

3 年前，一场意外让我的左膝盖受伤。送进医院后，照了 X 光。然后医生来到我身旁，问我说，你以前是怎么走路的？他们认为这是个奇迹，因为我的臀部没有关节，也没有大腿窝，怎么能站得起来？过去的事又回到眼前，我活了六十多年，竟然到现在才发现自己臀部没有关节和大腿窝！

医生们担心，我左膝盖再次受伤，加上年事已高，大概无法再走路了。但是上帝却又再度伸出援助之手。令所有人惊讶的是，我竟又站起来了！我现在还在工作，替一位上班的寡妇照顾四个小孩。我自己也失去了丈夫，为了抚养小孩，不得不辛苦地工作。我丈夫在 1919 年患流感去世了。当时两个女儿还小，一个儿子在先生去世后两个月才出世。我跪在地板上擦地擦了

17年，可是这辈子没生过病，我也不知道什么是头痛。上帝所赋予人的精力是巨大的。只要多努力一点，放下对生活的怨恨和抱怨，就可以获取这些能量，就像汽车的加速器一样，只要我们用力踩下去，便会产生巨大的冲力。人也是一样，只是我们多督促自己一些，便会发现自己潜藏着无限精力。我们很少推动自己穿透疲乏的层面，发掘下面隐藏的潜力。真正去推动自己，必会得到惊人的效果。

微笑着生活

一位年轻的喜剧演员慕名去拜访一位著名的喜剧大师。他虔诚地问："我如何才能够使自己的表演水平有更大的提高呢？"

那位大师听了之后，微笑着问："你会笑吗？如果你会笑，那你肯定没有问题。"

在这句听着似答非所问的普通话语里面，是否包含着一个深邃的人生哲理呢？笑对生活，是一种坦然、豁达和真诚的生活姿态。

有这样一个童话：

有一个小女孩，因为面容长得丑陋，她内心非常自卑，别人很少能够从她脸上见到笑容。幸福女神决定帮助这个小女孩，使她快乐起来。

于是，幸福女神就带她去参观两座玫瑰庄园。当她们走进第一座玫瑰庄园时，里面阳光明媚，鸟语花香，随处可以听到朗朗的笑声。在里面遇到的每一个人，都会热情地跟她们打招呼，并且送给她们一个真诚的微笑。之后，幸福女神就问小女孩道："你喜欢这里吗？"

小女孩点了点头说：“喜欢呀，这里的人很热情很亲切，就像家里人一样。”

随后，幸福女神又带小女孩走进第二座玫瑰庄园。那里面死气沉沉的，天空阴郁，地上长满了蒿草，玫瑰花也开得无精打采，有好多都已凋零了。她们见到的每一个人，都面带忧郁和冷漠的神情，更没有一个人主动跟她们打招呼。

从第二座玫瑰庄园里出来之后，幸福女神又问小女孩道：“现在比一比，你愿意生活在哪一座玫瑰庄园里呢？”

小女孩毫不犹豫地回答说：“当然是在第一座玫瑰庄园里了。”

此时，幸福女神继续问她：“为什么第一座庄园里的玫瑰花开得那么美丽，人们生活得那么快乐呢？”

小女孩想了一会儿，说：“因为他们每个人脸上都挂着笑容。”

幸福女神拍了拍小女孩的头说：“是啊，当你笑的时候，也就拥有了一座健康的玫瑰庄园。同时，你也就把自己的幸福分享给了身边每一个人，他们也会被你引入第一座玫瑰庄园。”

小女孩终于明白了幸福女神的用意。从此以后，她学会了笑对生活。别人都称赞她是一个快乐、善良、懂事的好女孩。

我喜欢这个美丽的童话，更喜欢现实中每一处涌动着笑声的地方。

在平时购物时，我总是喜欢去一家名叫维客的超市。这倒不是因为这家超市的货物比其他超市丰富很多；也不是因为这家超市的服务人员比其他超市的服务员更出色，而是喜欢他们贴在置物架上的那些宣传牌：“录影中，请微笑！”人生不就是一次特殊的录影吗？请记住，不要让生活的镜头缺少了你纯洁的微笑。纯洁是一种力量，因为它意味着一个人思想的诚实与行为的高尚。

付出的“额外”收获

有两个孩子一起走进天使的玫瑰园，他俩都希望天使能够赐予自己一束幸福的玫瑰花。然而，天使却送给他俩每人一束绿色的玫瑰枝，两个孩子都有一点点失望。

天使便单独把他俩叫到面前，微笑着说：“孩子，你跟我描述一下你的那个伙伴好吗？如果你比对方英俊，你将获得一束幸福的玫瑰花。”

第一个孩子说：“我比他的个子高，而且眼睛也比他的大；你看他的鼻子还塌塌的，当然我要比他英俊，请天使赐予我一束幸福的玫瑰花吧！”

第二个孩子听了天使提出的这个条件之后，他转身端详了对方几眼，然后诚恳地说：“他的个子高高的，眼睛大大的，鼻子也挺，真好看。如果天使你只有一束玫瑰花，就请赐给他吧！”

结果，第二个孩子手中的那一束玫瑰枝，突然绽开了芳香的花朵。而第一个孩子手中的绿色玫瑰枝，竟变成了一束枯萎的蒿草。

每每想起这个故事，隐隐的，我就会嗅到诚实的玫瑰花的芳香：学会欣赏对方，不要总给别人挑刺。它蕴涵的道理，就像玫瑰的芳香一样沁人心脾。

他是一家大型集团公司的内地市场部主管，在一次重大投资中，他因为急功近利，导致投资失败。尽管后来他做了全力补救，但只收回了成本的80%。因此，他感到十分愧疚，而且写好了辞职报告。他准备在公司的董事会上，将辞呈递交给董事长。

在董事会上，他无限歉疚地说：“对不起诸位，这次投资的失败，我负有主要的责任。我辜负了董事长的期望，因此我必须辞职谢罪。”

而董事长却神情平静地说：“你干得不错，不必过分自责。”

此时，他误认为董事长在嘲讽他，脸一下子全红了，嗫嚅道：“尽管事后……我做了全力补救……但只收回成本的80%。”

听了他的解释，董事长神情庄重地说：“正是因为这一点，我才认为你干得不错。幸亏你处理果断，才为我们公司保住了这么多的投资，这已经难能可贵了。”他被董事长的话语深深地感动了，眼里溢出了泪花。他不但没有提出辞职，而且董事长对他仍委以重任。在以后的几次市场拓展计划中，他认真吸取上次的教训，稳扎稳打，使公司产品迅速称霸内地市场，为公司赢得了巨大的利润。记得有一位哲人说过：“付出是追求个人成功最保险的方式。”这句话，很值得我们每一个人思考。

一个人能够为别人付出时间和心力，才是真正富足和快乐的人。当你为别人付出的时候，不仅仅是帮助了别人，而在同时会提升你自身的生命价值。无论对方是否接受你的帮助，或是否对你心存感激，这种对自己提升的作用是永久存在的。

跌碎的兰花

有位大师非常喜爱兰花，在平日读书健身之余，他花费了许多的时间栽种和欣赏兰花。

这年夏天，他要外出去游一段时间，临行前交代弟子：“徒儿，要好好帮我照顾这几盆珍贵的兰花。”

在这段时间，弟子总是细心照顾兰花。但有一天，弟子在给兰花浇水时，却不小心将兰花架碰倒了，所有的兰花盆都跌碎了，兰花散了满地。

弟子非常恐慌和难过，打算等大师回来后，向他道歉。“师父会怎么惩罚我呢？要知道兰花可是他最心爱的东西呀！”

大师回来了，很快知道了事情的经过。他不但没有责怪弟子，反而安慰他说：“我种兰花，一来是希望用来观赏消遣，美化环境；二是用来陶冶情操，不是为了生气而种兰花的。”宽恕不仅能够给自己和他人都带来轻松的环境，同时也是通往自由和成功的关键。洒在地上的牛奶不能够再收回，因此你也就没有必要再去哭泣或悔恨。在生活中不妨豁达和洒脱些，这样，生活中将会减少很多烦恼和麻烦！

过桥与让路

绅士过独木桥，刚走几步便遇到一个孕妇。绅士很礼貌地转过身回到桥头让孕妇过了桥，孕妇一过桥，绅士又走上了桥。走到桥中央又遇到了一位挑柴的樵夫，绅士二话没说，回到桥头让樵夫过了桥。第三次绅士再也不贸然上桥，而是等独木桥上的人过尽后，才匆匆上了桥。眼看就到桥头了，迎面赶来一位推独轮车的农夫。绅士这次不甘心回头，摘下帽子，向农夫致敬：“亲爱的农夫先生，你看我就要到桥头了，能不能让我先过去。”农夫不干，把眼一瞪，说：“你没看我推车赶集吗？”话不投机，两人争执起来。这时河面上浮来一叶小舟，舟上坐着一个胖和尚。和尚刚到桥下，两人不约而同请和尚为他们评理。

和尚双手合十，看了看农夫，问他：“你真的很急吗？”农夫答道：“我真的很急，晚了便赶不上集了。”和尚说：“你既然急着去赶集，为什么不尽快给绅士让路呢？你只要退那么几步，绅士便过去了，绅士一过，你不就可以早点过桥了吗？”

农夫一言不发，和尚便笑着问绅士：“你为什么要农夫给你让路呢，就是因为你快到桥头了吗？”

绅士争辩到：“在此之前我已给许多人让了路，如果继续让农夫的话，便过不了桥了……”

人生旅途中，我们是不是有过类似的遭遇呢？其实给别人让路，也在给自己让路啊！

三小时的方便与不便

一位台湾女士讲过这样一件事：那天跟老公幸运地订到了票回婆家，上车后却发现，有位女士坐在我们的位子上。老公示意我先坐在她旁边的位子，却没有请这位女士让位。

我仔细一看，发现她右脚有一点不方便，才了解老公为何不请她让出位子。

他就这样从嘉义一直站到台北，从头到尾都没向这位女士表示这个位子是他的。

下了车之后，心疼老公的我跟他说：“让位是善行，但我们路途这么久，大可中途请她把位子还给你，换你坐一下。”

老公却说：“人家不方便了一辈子，我们就不方便这3小时，没关系啦！”

听到老公这么说，我相当感动，有这么一位善良又为善不欲人知的好老公，让我觉得世界都变得温柔许多。

多为别人想想，不要只是一味地自私自利，尽一己之力又何妨呢？

多做点善事也很好，这个世界上就是需要像这样，多一点温暖，也多一点体谅，世间才会有许多美好的事。爱抱怨的人，让牢骚成了自己的跛脚，一辈子都不方便。而甘心吃亏的，却因着他的付出，给自己赢来了不知多少方便。

留住童真

有位老师问她 7 岁的学生：“你幸福吗？”

“是的，我很幸福。”她回答。

“经常都是幸福的吗？”老师再问道。

“对，我经常都是幸福的。”

“是什么使你感觉幸福呢？”老师继续问道。

“是什么我并不知道。但是，我真的很幸福。”

“一定是有什么事物才使得你幸福的吧！”老师继续追问着。

“是啊！我告诉你吧！我的玩伴们使我幸福，我喜欢他们。学校使我幸福，我喜欢上学，我喜欢我的老师。还有，我喜欢上教堂，也喜欢上主日学校和其中的老师们。我爱姐姐和弟弟。我也爱爸爸和妈妈，因为爸妈在我生病时关心我。爸妈是爱我的，而且对我很亲切。”

老师认为在她的回答中，一切都已齐备了——和她玩耍的朋友（这是她的伙伴）、学校（这是她读书的地方）、教会和她的主日学校（这是她做礼拜之处）、姐弟和父母（这是她以爱为中心的家庭生活圈）。这是具有极单纯形态的幸福，而人们最高的生活幸福亦莫不与这些因素息息相关。

后来，这位老师也曾向一群少男、少女提出过相同的问题，并且请他们把自认为“最幸福的是什么”一一写下来。他们的回答益发令人觉得感动。这是少男们的回答：

“有一只雁子在飞，把头探入水中，而水是清澈的；因船身前行，而分拨开来的水流；跑得飞快地列车；吊起重物的工程起重机；小狗的眼睛……”

以下则是少女们对于“什么东西使她们幸福”的回答：

“倒映在河上的街灯；从树叶间隙能够看得到红色的屋顶；烟囱中冉冉升起的烟；红色的天鹅绒；从云间透出光亮的月儿……”

虽然这些答案中并没有充分表现出完整性，但无疑是使他们幸福的原因之一。想要成为幸福的人，重要的秘诀便是：拥有清澈的心灵，可以在平凡中窥见浪漫的眼神，以及单纯的精神。相对成年人来讲，儿童可说是最懂得享有幸福的专家了。而那些能够保有孩童之心的中老年人，更可称得上是一种天才。因为，能保持年轻人特有的幸福精神与要旨是相当难得而宝贵的。因此，若要永远保有幸福，我们绝对不可让自己的精神变得衰老、迟钝或疲倦，我们绝对不可以失去纯真。

自取烦恼

小宋是名牌大学毕业的，人很文静。她在一家事业单位工作，单位里要写很多材料，她毕竟刚来，公文写作还不很熟，于是每次写好后，她都要给同事老王看，待老王修改完，她再拿去请科长审阅。

很快，小宋的材料越写越好，老王已经没有什么可以修改的了，可科长仍旧东涂西抹，不留情面。小宋虽有些不悦，但没说什么，依然是很谦和地请科长批改。老王愤愤不平，他认为科长的水平修改不了小宋的文章了。小宋只是笑，显得不介意。有时被老王逼紧了，她也只是说，不就是改个材料吗？又不是修改你的人生。

由于小宋的谦虚勤奋还有才能，科长把小宋推荐给了上级宣传部门，小宋上调了。有次，上级要求科里写一份材料，材料组织好后，科长让人先送到宣传部门说是请上级把关。两天后，小宋把材料修改好了，这个材料得到了上级的好评。科长很满意，老王也服气小宋。小宋拿出钱来请大家吃饭，老王私下里对小宋说，你应该让科长请你吃饭才对，那文章是你写得好。小宋说，那怎么行，我会写材料是你们教的，我得感谢你们才对。老王又说，这回科长再也不敢改你的文章了吧。小宋说，知道我老爸在我参加工作时，送我四个什么字吗？第一“感恩”，第二“宽容”。老王当时没有细想，回家后，对照那四个字，渐渐感到惭愧。

学会了宽容，你就有可能翻过来修改领导的文章，学不会宽容，你就永远被领导修改。我们之所以总是被烦恼包围，总是充满痛苦，总是怨天尤人，总是有那么多的不满和不如意，是不是因为我们缺少这种宽容和感恩呢！

一切只需要耐心

一次，佛陀经过一片森林，那一天非常炎热，而且是日正当午，他觉得口渴，就告诉侍者阿难：“我们不久前曾跨过一条小溪，你回去帮我取一些水来。”

阿难回头去找那条小溪，但小溪实在太小了，有一些车子经过，溪水被弄得很污浊，水不能喝了。

于是阿难回来告诉佛陀："那小溪的水已变得很脏而不能喝了，我们继续向前走，我知道有一条河离这儿才几里路。"

佛陀说："不，你还是回到刚才那条小溪去。"

阿难表面遵从，但内心并不服气，他认为水那么脏，只是浪费时间白跑一趟而已。他走了一半路，又跑回来说："您为什么要坚持？"

佛陀不加解释，语气坚决地说："你再去。"

阿难只好遵从。

当他再来到那条溪流旁，那溪水就像它原来那么清澈、纯净，泥沙已经流走了。阿难笑了，提着水跳着舞回来，拜在佛陀脚下说："师父，您给我上了伟大的一课，没有什么东西是永恒的，只需要耐心。"世间万物皆流，一切皆变，没有永恒，一切都是相对的，一切都是暂时的，一切都会成为过去，包括幸福和苦难、聚和散。用变化和发展的观点看待一切事物，在人世间就会处之坦然。

城市与乡村

秋天的黄昏，阿发信步走向郊外。他发现秋天的足迹在乡村所烙下的景象远比城市美好。

在城市里，生活即使舒适，但有时仍感贫乏；工作即使忙碌，但有时也觉空虚；有快乐也有彷徨，有希望也有失望，总是难得如意。因此，寻访乡野便成为解决烦恼的一种途径。

乡间，正是丰收的季节，田垄上堆着已收割的稻子，农人提着镰刀正将归去，他们松松斗笠，用颈上的毛巾擦着汗，然后嬉笑着走向冒着炊烟的家。

几个黑黝黝的乡童，用竹竿打着石榴树上的果实，在溪水里清洗一下，便津津有味地吃起来。

阿发在溪边的一棵树底坐下，鞋上沾满泥巴。一个老者走过来和他说话。老者的态度纯朴而友善，使人不必存有丝毫顾忌。听了他的谈话，阿发更加羡慕村的生活了。

老者说："农夫感觉快乐，是因为他们能够适应田间的工作，而且喜欢它。"

阿发不禁自问：如果我到乡下长久生活，也能适应吗？我能忍受风吹日晒？能放弃城市里一些现代的享受？能吃得消使手磨出茧的工作吗？

老者又说："我很乐观，我对生活从不曾抱怨过，我吃自己种的蔬菜和水果，觉得那是世上最好的食物。"

阿发似有所悟地点点头。许多人看起来生活得很愉快，就是因为他们对生活从不曾抱怨过。乡下人进城感到好奇，城里人下乡觉得新鲜，这都是短暂的。如果你不能适应生活，不能调整心态，你永远都会有烦恼，不论在乡下或城里。

敞开心扉

有位太太的先生是知名的企业家，对她百依百顺，以外人看起来，她是很享福的，因为她有享用不完的金钱和物质，可以说是幸福中的幸福人。但她仍觉得很苦，看到一个朋友时，她哭得很伤心，朋友问她：“你有什么不满意呢？”

她说：“你不知道啊！他对我感情不专，使我很痛苦”。

朋友劝她说：“到底你要追求多少感情才满意呢？不要太强求，感情如同一个球，愈硬碰，它跳得愈高愈远。”

她问：“那要如何解决呢？”

朋友回答道：“放宽尺度，你爱的范围太狭窄了，犹如把感情当成一条绳子，缚（管）得他对你产生敬而远之的心理，才使你那么痛苦。你应该以柔和的感情来宽容他的一切，不要以占有欲、威力来加在感情上面，否则先生表面又顺又爱，但内心却又烦又畏，也就难怪他会对你有欺骗的行为。你若能把爱扩大到去爱他所爱的人，他一定会感谢你，同时也更珍惜这份感情中的恩情，因为你所给予他的爱是那么的自在。人的感情就像是烘炉，只要你多给他宽大的爱，满足他的感情，再冷再硬的心也会被它融化……”

这位为情所苦的太太，后来果真做到去爱她丈夫所爱的那些人。夫妻的感情如此，父母子女的感情也是如此。人与人的交流是心的交流。只有彼此敞开心扉，才能相互理解，产生共鸣。

生命中的半杯水

哈利和朋友困在沙漠，后来哈利发现了满满一杯水，是先给朋友，还是留给自己慢慢救命？

哈利没有把水分给朋友，他竭尽全力向沙漠深处跑去，想独享这比黄金还要珍贵的水，但朋友在后面使劲追赶。哈利踉踉跄跄，慌不择路，又要护住杯中的水，累得够呛，朋友也气喘吁吁。追了多久，故事里没说，最后是哈利一不小心，一杯水全泼到了黄沙里。结果两人一滴也没喝进嘴，筋疲力尽，求生的勇气全无，很快就被黄沙埋葬。

也许，相当多的人会自觉或不自觉地选择哈利的做法。

其实把半杯水给别人，同时也救了自己。

乔治起先是英国一家手工作坊的小业主，但是很不幸，一场经济危机使他陷入了困境，产品卖不出去，资金周转不开，物价暴涨，他面临破产的危险。友人劝他赶快裁员，以减轻负担。乔治思考良久，准备采纳友人的建议。

消息不知怎么传到了老乔治的耳朵里。第二天清晨，老乔治来到办公室，勒令他收回成命。乔治不服，老乔治便现场解除了乔治的职务。中午，老乔治走进了工人餐厅，看见大家一脸憔悴、苍白，碗里是白水煮的青菜和几片豆腐，老乔治立刻从街上的小餐馆花 3 英镑买回两碗红烧肉，端进餐厅，哽咽着说:“兄弟们受苦了。现在，我已解除了他的职务，并且从今以后，每天中午我和你们一起吃饭——当然，价值 3 英镑的红烧肉必不可少！”工人们欢呼起来。那时候，3 英镑是个不小的数目——可以供老乔治夫妇一天的基本生活。

每天 3 英镑，所带来的效益却是无法计算的，因为工人们心存感激，便拼命干活，努力降低成本，竟然使这个手工作坊慢慢渡过了难关，发展壮大，最终成为全英一家著名的电器公司，拥有资产过千万。细细想来，老乔治不过是把上半杯水给了工人。

老乔治朴素的语言和行为，是深谙经营之道的，从小事做起，从半杯水开始，从最打动人心的角度入手，他创造了一个奇迹。如果让人性的丑恶循环下去，那么所有美好的东西，也将会成为它的殉葬品。社会的飞速发展，的确使得我们的生活充满竞争，但是竞争的基本心态应该是严格要求自己，而不是打倒别人。

在自己困难的时候还记得向别人施恩，才是真正的施恩，才能获得别人的尊重与报答。说不定什么时候，半杯水，就能帮你死里逃生。

不受第二支箭的痛苦

有一次佛陀问弟子：“未曾受过佛理教化的人，会遭遇到快乐或痛苦的感受，也会遇到非苦非乐的感受；受过佛理熏陶的人，也同样会遇到这些感受，如此说来，听过佛理与未听过佛理的人，他们的差别何在呢？”

弟子们就向佛陀回答说：“我们所学习的皆是以佛陀为主，但愿佛陀能够做我们的眼目，给予我们正确的启示。”

佛陀就告诉弟子们说：“未曾受过佛理教化的人，遇到痛苦的感受，就万分的悲痛，越来越迷惑，愈来愈恐怖，就好像中了一支箭之后，又中了第二支箭，感觉越来越痛苦。但是，受过佛理熏陶的人，若是遇到痛苦的事情，绝对不会只是悲痛，不会自己乱了手脚，所以我说：‘不受第二支箭的痛苦。’”

我们生了病，肉体上的痛苦，就好像中了第一支箭，倘若我们再自寻烦恼，操心这个、埋怨那个，如此则第二支箭、第三支箭乃至第四、第五支箭，就不断地射过来，就会使我们更加的痛苦，使我们的身心更加的混乱，使我们失去了光明与智慧，无法解决任何问题。

人掉手指，焉知祸福

从前有一个国家，地不大，人不多，但是人民过着悠闲快乐的生活，因为他们有一位不喜欢做事的国王和一位不喜欢做官的宰相。国王没有什么不良嗜好，除了打猎以外，最喜欢与宰相微服私访民间。宰相除了处理国务以外，就是陪着国王下乡巡视，如果是他一个人的话，他最喜欢研究宇宙人生的真理，他最常挂在嘴边的一句话就是“一切都是最好的安排”。

有一次，国王兴高采烈地到大草原打猎，随从们带着数十条猎犬，声势浩大。国王的身体保养得非常好，筋骨结实，而且肌肤泛光，看起来就有一国之君的气度，随从看见国王骑在马上，威风凛凛地追逐一头花豹，都不禁赞叹国王勇武过人！花豹奋力逃命，国王紧追不舍，一直追到花豹的速度减慢时，国王才从容不迫弯弓搭箭，瞄准花豹，“嗖”的一声，利箭像闪电似的，一眨眼就飞过草原，不偏不倚钻入花豹的颈部，花豹惨嘶一声，仆倒在地。

国王很开心，他眼看花豹躺在地上许久都毫无动静，一时失去戒心，居然在随从尚未赶上时，就下马检视花豹。谁想到，花豹就是在等待这一瞬间，使出最后的力气，突然跳起来向国王扑过来。国王一愣，看见花豹张开血盆大口咬来，他下意识地闪了一下，心想：“完了！”

还好，随从及时赶上，立刻发箭射入花豹的咽喉，国王觉得小指一凉，花豹就闷声跌在地上，这次真的死了。

随从忐忑不安地走上来询问国王是否无恙，国王看看手，小指头被花豹咬掉小半截，血流不止，随行的御医立刻上前包扎。虽然伤势不算严重，但国王的兴致破坏光了，本来国王还想找人来责骂一番，可是想想这次只怪自己冒失，还能怪谁？所以闷不吭声，大伙儿就黯然回宫去了。

回宫以后，国王越想越不痛快，就找了宰相来饮酒解愁。宰相知道了这事后，一边举酒敬国王，一边微笑说："大王啊！少了一小块肉总比少了一条命。来得好吧！想开一点，一切都是最好的安排！"

国王一听，闷了半天的不快终于找到宣泄的机会。他凝视宰相说："嘿！，你真是大胆！你真的认为一切都是最好的安排吗？"

宰相发觉国王十分愤怒，却也毫不在意说："大王，真的，如果我们能够超越自我一时的得失成败，确确实实，一切都是最好的安排。"

国王说："如果我把你关进监狱，这也是最好的安排？"

宰相微笑说："如果是这样，我也深信这是最好的安排。"

国王说："如果我吩咐侍卫把你拖出去砍了，这也是最好的安排？"

宰相依然微笑，仿佛国王在说一件与他毫不相干的事。"如果是这样，我也深信这是最好的安排。"

国王勃然大怒，大手用力一拍，两名侍卫立刻近前，国王说："你们马上把宰相抓出去斩了！"侍卫愣住，一时不知如何反应。国王说："还不快点，等什么？"侍卫如梦初醒，上前架起宰相就往门外走去。国王忽然有点后悔，他大叫一声说："慢着，先抓去关起来！"

宰相回头对他一笑，说："这也是最好的安排！"

国王大手一挥，两名侍卫就架着宰相走出去了。

过了一个月，国王养好伤，打算像以前一样找宰相一块儿微服私巡，可是想到是自己亲自命令把他关入监狱里的，一时也放不下面子释放宰相，叹了口气，就自己独自出游了。

走着走着，来到一处偏远的山林，忽然从山上冲下一队脸上涂着红黄油彩的蛮人，三两下就把他五花大绑，带回高山上。国王这时才想到今天正是满月，这一带有一支原始部落，每逢月圆之日就会下山寻找祭祀满月女神的牺牲品。他哀叹一声，这下子真的是没救了，其实心里却很想跟蛮人说："我乃这里的国王，放了我，我就赏赐你们金山银海！"可是嘴巴被破布塞住，连话都说不出口。

当他看见自己被带到一口比人还高的大锅炉前，柴火正熊熊燃烧，更是脸色惨白。大祭司现身，当众脱光国王的衣服，露出他细皮嫩肉的龙体，大祭司啧啧称奇，想不到现在还能找到这么完美无瑕的祭品！

原来，今天要祭祀的满月女神，正是“完美”的象征，所以，祭祀的牲品丑一点、黑一点、矮一点都没有关系，就是不能残缺。就在这时，大祭司终于发现国王的左手小指头少了小半截，他忍不住咬牙切齿咒骂了半天，忍痛下令说：“把这个废物赶走，另外再找一个！”脱困的国王大喜过头，飞奔回宫，立刻叫人释放宰相，在御花园设宴，为自己保住一命、也为宰相重获自由而庆祝。

国王一边向宰相敬酒说：“宰相，你说的真是一点也不错，果然，一切都是最好的安排！如果不是被花豹咬一口，今天连命都没了。”

宰相回敬国王，微笑说：“贺喜大王对人生的体验又更上一层楼了。”过了一会儿，国王忽然问宰相说：“我侥幸逃回一命，固然是‘一切都是最好的安排’，可是你无缘无故在监狱里蹲了一个月，这又怎么说呢？”

宰相慢条斯理喝下一口酒，才说：“大王！您将我关在监狱里，确实也是最好的安排啊！您想想看，如果我不是在监狱里，那么陪伴您微服私巡的人，不是我还会有谁呢？等到蛮人发现国王不适合拿来祭祀满月女神时，谁会被丢进大锅炉中烹煮呢？不是我还有谁呢？所以，我要为大王将我关进监狱而向您敬酒，您也救了我一命啊！”

生活中有高潮也有低谷，人生中有得也有失。对得失成败抱持豁达的态度，辩证地看待问题，认为一切都是最好的安排，就少了许多挫折感，生活就会格外轻松愉快。

微笑的力量

身高只有 145 厘米，体重只有 52 公斤的青年原一平以“不请自来的见习职员”身份敲开了日本明治保险公司的大门。当班经理用不屑一顾的眼神告诉他，你若想成为公司的正式职员，你每月必须推销保险 1 万日元。

于是，他走上了征程。面对先天不足，他绞尽脑汁、积攒勇气地一扇扇敲门，一遍遍解说，然而迎来的却是一次次的拒绝。这其中有白眼、有嘲讽，还有辱骂。

苍天有眼，一分付出终有一分收获。那一年岁末，他的业绩竟是 16.8 万日元。于是，他成了公司的一名正式职员。公司的主考官召见了他，并对其意味深长地说，你若想在保险推销中胜人一筹，你必须以表情制胜，务必通过自己真诚的笑容去征服顾客。

一句话擦亮了原一平的眼睛。从此后，他开始训练笑容。他对着镜子，开始做持续的、变幻的脸部运动。他练得走火入魔，以至于对身边一个不经意的过客都会发出几声迥异的笑声，以至被人称为“白痴”。

一天，他端详镜子，想感受一下自己究竟能发出多少种笑声。然而，令人难以置信的是：他竟能一气呵成发出 40 种声音。如大方的笑，开朗的笑，欣慰的笑，甜蜜的笑，含刺的笑，尖锐的笑，喜极而泣的笑，抑制辛酸的笑，折磨对方的笑，故作糊涂的笑，嗤之以鼻的笑等等。

从此以后，笑成了原一平身上一道最亮丽的风景。这也加速了他事业扩张的脚步。

学会笑，真诚的笑，宽宏友善的笑，不仅会给你的生活和工作设置一种独具魅力的磁场，更会使你的人生更加辉煌！

走出“环境”的阴影

罗杰·罗尔斯是美国纽约州历史上第一位黑人州长，他出生在纽约声名狼藉的大沙头贫民窟。这里环境肮脏，充满暴力，是偷渡者和流浪汉的聚集地。在这儿出生的孩子，耳濡目染，他们之中很多人从小就逃学、打架、偷窃甚至吸毒，长大后很少有人从事体面的职业。然而，罗杰·罗尔斯是个例外，他不仅考入了大学，而且成了州长。在就职记者招待会上，一位记者对他提问：是什么把你推向州长宝座的？面对三百多名记者，罗尔斯对自己的奋斗史只字未提，只谈到了他上小学时的校长——皮尔·保罗。

1961年，皮尔·保罗被聘为诺必塔小学的董事兼校长。当时正值美国嬉皮士流行的时代，他走进大沙头诺必塔小学的时候，发现这儿的穷孩子比“迷惘的一代”还要无所事事。他们不与老师合作，旷课、斗殴，甚至砸烂教室的黑板。皮尔·保罗想了很多办法来引导他们，可是没有一个是有效的。后来他发现这些孩子都很迷信，于是在他上课的时候就多了一项内容——给学生看手相。他用这个办法来鼓励学生。

当罗尔斯从窗台上跳下，伸着小手走向讲台时，皮尔·保罗说：“我一看你修长的小拇指就知道，将来你是纽约州的州长。”当时，罗尔斯大吃一惊，因为长这么大，只有他奶奶让他振奋过一次，说他可以成为5吨重的小船的船长。这一次，皮尔·保罗先生竟说他可以成为纽约州的州长，着实出乎他的预料。他记下了这句话，并且相信了它。

从那天起，“纽约州州长”就像一面旗帜，罗尔斯的衣服不再沾满泥土，说话时也不再夹杂污言秽语。他开始挺直腰杆走路，在以后的四十多年间，他没有一天不按州长的身份要求自己。51岁那年，他终于成了州长。

人生没有目标，就会随波逐流。树立明确的目标，同时努力进取，才能创造人生的奇迹。

杯子与湖泊

一位年老的印度大师身边有一个总是抱怨的弟子。有一天，他派这个弟子去买盐。弟子回来后，大师吩咐这个不快活的年轻人抓一把盐放在一杯水中，然后喝了它。

“味道如何？”大师问。

“苦。”弟子龇牙咧嘴地吐了口唾沫。

大师又吩咐年轻人把剩下的盐都放进附近的湖里。弟子于是把盐倒进湖里，老者说：“再尝尝湖水。”

年轻人捧了一口湖水尝了尝。大师问道：“什么味道？”

“很新鲜。”弟子答道。

“你尝到咸味了吗？”大师问。

“没有。”年轻人答道。

这时大师对弟子说道：“生命中的痛苦就像是盐，不多，也不少。我们在生活中遇到的痛苦就这么多。但是，我们体验到的痛苦，却取决于我们将它盛放在多大的容器中。”

所以，当你处于痛苦时，你只要开阔你的胸怀……

不要做一只杯子，而要做一个湖泊。痛苦是一种能量，它来自心灵和现实的碰撞摩擦，它告诉你，你心里的所想所要不切实际，既然这样，一定是自己有问题，为什么不把这种能量导向自身，用来推动自己的成长？

心里装着别人

一尊几百年前的弥勒佛，终因年久失修，有些残损了，寺里请来佛工为其修葺。当佛工根据残损程度，揭开弥勒佛的腹部，准备加固翻新时，在场的方丈和僧侣们无不惊愕动容——弥勒佛主的阔腹里居然装着 12 个男女老少的陶俑!

见过、朝拜过弥勒佛主的人们，往往陶醉或羡慕于佛主无与伦比的朗笑，更为佛主的超级大肚子动之以容、付之一笑。有人还铭记着有关弥勒佛主的楹联:“大肚能容容天下难容之事，笑口常开笑天下可笑之人。”

可是，又有几人，能够联想到、颖悟出，弥勒佛主之所以大腹便便、笑口常开的真正因由?

心中装着别人，装着衣食父母、亲情悠悠的男女老少，装着需要照顾、需要超度的芸芸众生，肚子能不大吗？笑容能不爽朗吗?

佛教以及信奉佛教的人们，能创想塑造出如此经典、如此奥妙的弥勒佛来，就是一种念及苍生、真实再现的慈悲情怀，就是一种高深玄妙、经世绝伦的人文艺术。帮助别人其实就等于帮助了自己。一个人在帮助别人时，无形之中就已经投资了感情，别人对于你的帮助会永记在心，只要一有机会，他们也会主动帮助你的。

一个人的人生价值和真实幸福，不能仅仅囿于个人的一管之见、一私之利。要关爱别人、回馈社会，要“先天下之忧而忧，后天下之乐而乐。”

只有这样的心志和心态，人生才能抵达一种高尚而神圣的境界。

礼貌地接受别人的道歉

一大早，朱友峰居士就兴冲冲地抱着一束鲜花，提着一篮子供果，赶到大佛寺去供佛。

他右脚刚踏进大殿，左侧突然跑出一个人来，正好与朱友峰撞个满怀，将他抱着的鲜花、提着的水果，都给撞翻在地。朱友峰看到满地的水果和破碎的鲜花忍不住嚷道："你看！你怎么这么鲁莽，把我供佛的水果和鲜花都给撞成了这个样子，你怎么向我交代？"那个撞他的人，有些不满地说道："撞翻就撞翻了，顶多说一声'对不起'就完了，你干吗那么凶？"

朱友峰一听更加生气了："你这是什么态度？本来自己错了，却还有理责问别人！"接着，双方就彼此谩骂，互相指责起来。

这时，寺中住持广圆禅师正好从此经过，他于是就将两人带到一旁，问清原委后对他们说道："莽撞行走是不应该的，但是不肯接受别人的道歉也是不对的，这都是愚蠢的行为。能坦诚承认自己的过失以及礼貌接受别人的道歉，才是明智之举。"

两个人听后都低下了头。

广圆禅师接着又说道："人生一世需要处理的各种事情太多了。在人际关系方面，要处理好与师长、亲族、朋友的关系；在经济方面，要量入为出，精打细算；在家庭方面，要培养夫妻感情、照顾子女生活；在精神方面，要提高自己的修养，树立起远大的理想。如此这般，才不会虚度人生。想想看你们今天为了一点点小事，一大早就破坏了一片虔诚的心境，还浪费了这么长时间，值得吗？"

两人听后，都涨红了脸。争强好胜不可能消除误会，只有靠技巧、协调、宽容，才能消除误会。永远想压在别人头上的人是最可悲的，因为他早已暴露出了自己狭小的心灵空间。

人生一世，并不是一件容易的事，要保持一份良好的心情更是困难，何必为了一些小事斤斤计较，耿耿于怀呢？人与人之间多一分理解和宽容，不是会更快乐，更有意义吗？

第八辑

体验明亮境界

现代社会是一个追求体验的时代，体验人生、体验幸福、体验消费、体验爱情、体验冒险、体验刺激……而在本意，我们所体验的则是一种人生的境界，是一种人性中固有的、与生俱来的、只是被各种世俗暂时遮挡的真实的心境。

失败了也要昂首挺胸

巴西足球队第一次赢得世界杯冠军回国时，专机一进入国境，16 架喷气式战斗机立即为之护航，当飞机降落在道加勒机场时，聚集在机场上的欢迎者达 3 万人。从机场到首都广场不到 20 公里的道路上，自动聚集起来的人群超过了 100 万。多么宏大和激动人心的场面！然而前一届的欢迎仪式却是另一番景象。

1954 年，巴西人都认为巴西队能获得世界杯赛冠军。可是，天有不测风云，在半决赛中巴西队却意外地败给法国队，结果那个金灿灿地奖杯没有被带回巴西。球员们悲痛至极。他们想，去迎接球迷的辱骂、嘲笑和汽水瓶吧，足球可是巴西的国魂。

飞机进入巴西领空，他们坐立不安，因为他们的心里清楚，这次回国凶多吉少。可是当飞机降落在首都机场的时候，映入他们眼帘的却是另一种景象。巴西总统和两万名球迷默默地站在机场，他们看到总统和球迷共举一条大横幅，上书：失败了也要昂首挺胸。

队员们见此情景顿时泪流满面。总统和球迷们都没有讲话，他们默默地目送着球员们离开机场。4 年后，他们终于捧回了世界杯奖杯。

人不可能永远都是成功者，人也不可能永远都是失败者。面对失败，人们会从中吸取很多教训，为下一次成功打下基础；面对失败者，我们也不要苛求，应该给予更多的信任与支持。善待失败者是对失败的最大轻蔑。

每个人失去了一枚金币

每人失去了一枚金币，却赢得了更多的东西——这是东方的一个古老的教训。

一天，一个商人在大岛上沿着一条公路行走，他看到有一个小包掉在地上。他把小包捡了起来，把包打开。他吃惊地发现，里面有三枚金币，每一枚值一两黄金。他兴高采烈，准备带着这份意外之财回家去。这时，一个散步的人向这位商人走来，说，这个包是他的，是他掉在这里的。他当然要求把三枚金币还给他。

捡到金币的商人却不以为然。他声称："谁捡到，就是谁的。"

两人都据理力争，吵个没完。他们俩是那样全神贯注，难以解脱，以致谁都记不清是什么时候两个人在争吵中仿佛自动调换了一下位置。

金币原来的主人突然说道："其实，既然我已经丢了，那就丢了吧。"商人则回答："总而言之，我是偶然捡到的，这钱不属于我。"

这样，他们的意见仍然完全相反。一个决意要还钱，一个再也不想要。他们又吵了。"还是请你拿去吧……"

"千万别这样，这钱现在是你的了。"他们又像起初一样，没完没了地争吵起来，不过彼此却互换了角色。

他们不知道如何解决才好，于是便明智地做出决定，请一位第三者做出裁决，对于他的裁决，他们将不再表示异议。

这样，他们就前去拜访当时最著名的法官：大冈忠相。

法官仔细地听取了他们俩人的申诉，然后做出了裁决："你们谁都愿意让给另一人，这 3 枚金币由官方没收。你们既然都放弃了这笔钱的所有权，那你们是不会反对的。"这位大法官拿起 3 枚金币，走进了他的办公室。

两个人都待在那里发愣，思索着什么，像是感到有点后悔似的……这时候，法官回来了，手里拿着两个小包。他又对他们说："你们是那样固执，每个人都坚持自己有理，所以你们俩人都失去了这笔钱。这样，你们就得到了一个很好的教训：顽固坚持自己一成不变的想法，而不试图理解对方，就会受到损失。我也同样得到了一次重大的教训，那就是你们的谦虚和你们的慷慨所给予我的教训。因此，我要给你们每人送一份礼物。"

他递给每个人一个小包。每个包里装着两枚金币。

大法官大冈忠相从这件事得出结论说："你们俩现在拿到的这 4 枚金币，就是你们带给我的那 3 枚，再加上我为了感谢你们对我的教育从自己口袋里拿出来的一枚。在这以前，你们每个人都认为自己有 3 枚金币。后来又失去了。从现在起，你们每个人都有了两枚金币，而且可以保存下去。你们每个人就都失去了一枚金币。我给添上了一枚，因此，可以说，我也失去了一枚金币。这样就使得我们大家都失去了同样的东西：一枚金币。这就是代价，我们三个人为了刚刚受到的教育都付出了同样的代价。"

今天，我们从古代东方的这则小故事里能够吸取些什么呢？如果顽固地坚持自己的利益，就只能导致粗暴和不平衡的解决方法，从而引起不可逆转的分裂。现在，我们应该开始意识到，我们要是互相敌对和互相损害，就什么也得不到，大家都必须付出重大的努力，才能一起得到共同的好处。

乞丐与露珠

一个乞丐很早上路了，当他把米袋从右手换到左手，正要吹一下手上的灰尘时，一颗大而晶莹的露珠掉到了他的掌心。

乞丐看了一会，把手掌递到唇边，对露珠说：“你知道我将做什么吗？”

“你将把我吞下去。”

“看来你比我更可怜，生命全操纵在别人的手中。”

“你错了，我还不懂什么叫可怜。我曾滋润过一朵很大的丁香花蕾，并让她美丽地开放。现在我又将滋润另一个生命，这是我最大的快乐和幸运，我此生无悔了。”

乞丐一下子停住了脚步。作为露珠，被太阳蒸发，它就只能成为一股水汽；若能滋润别的生命，它的价值也就得到了升华，自然也就无悔了。

怎么才叫实现了生命的价值？以自我牺牲为代价换取的美丽必将永恒，也是对生命的最好回报。

赶路

有一条小河清澈见底，欢畅地穿过树丛、村庄。因为这浅浅的浪花，行走的人不得不卷起裤脚，蹚河而过。年轻力壮的好心人从山里背来了石块，丢在河中，以便行人能踏石通过。倘若修桥该多好，老人不必搀扶，孩子不必背抱，穷苦的村民盼望着。

终于，一个揣着钱袋的人经过此地，村民拦住了他。“行行善，积积德，替我们修座桥吧。”

路人微笑着，轻轻摇了摇头：“也许，等我回来时可以。”

“为什么现在不？”

没有申辩，没有解释，没有反驳，路人依旧微笑着跨河而去。在不曾达到目的以前，尽可能存好每一个铜板，尽可能不被眼前的事物牵扯，是成功的必备条件。因为说不定前面的路还很长。

马鞍藤与马蹄莲

马鞍藤是南部海边常见的植物。它的花介于牵牛花与番薯花之间，但比前两者花形更美、花朵更大、气势也更雄浑。因此，它盛开的时候就像开大型运动会，比赛似的。

马鞍藤有着非常强盛的生命力，在海边的沙滩上暴晒烈日，迎接海风，甚至给它灌溉海水都可以存活，有的根茎藏在沙中看起来已枯萎，第二年雨季时，却又冒出芽来。

这又美又强盛的花，在海边，竟少人会欣赏。

与马鞍藤背道而驰的是马蹄莲，马蹄莲的茎叶都很饱满，能开出纯白的恍若马蹄的花朵。它必须种在气温合适、多雨多水的田里，但又怕大风大雨，大雨一下就会淋破它的花瓣，大风一吹又使它的肥茎摧折。

这两种花名有如兄弟的花，却表现了完全相反的特质，当然，因为这种特质也有了不同的命运。马鞍藤被看成是轻贱的花，顺其自然生长或凋落，绝没有人会欣赏采摘；马蹄莲则被看成珍贵的花被珍爱着，而它最大的用途是用在丧礼上，它被看成是无常的象征。人生，有时像马鞍藤与马蹄莲一样，会陷入两难之境，不过现代人的选择却越来越少，很少有人去选择马鞍藤的生活，他们只好做温室的马蹄莲。

走出森林，才能看到森林

罗兰·布什内尔是美国第一家电视电脑游戏机生产企业——阿塔利公司的创始人。他是个实干家和幻想家。在谈到成功的秘诀时，他说："我在白天是一个实干家，要完成没完没了的日常琐事；但到了黄昏，我就会成为一个幻想家。我的许多日后为我带来巨大商业利润的思路都是在休息时间和在度假时想到的。在工作时，我的脑子几乎全部用在那些平凡的事务中。可是，一旦不再工作时，可以有许多闲暇时间去考虑一些平时你所想不到的问题。电话铃不再响了，也没有人在后面催促你忙这忙那了，这样，你就有了时间思考。"当你有了一种新的思维方式和判断力时，你就成了日常工作的旁观者，就会对昔日你自以为熟悉的一些问题有一种全新的视角和理解，并会就此提出一整套新的设想和创意，所谓"旁观者清"，说的就是这个道理——要知道，只有走出森林，我们才能看到森林。

坚持与放弃

约在一个半世纪以前，一艘英国商船沉没于马六甲海域。这艘从广州驶出的船上载满了中国的丝绸、瓷器及珍宝。

10 年前一位名叫鲍尔的人偶然从资料上获此信息，便下决心打捞这艘沉船，他在海底摸索了漫长的 8 年，探寻了七十多平方公里的海域，终于找到了海底的宝物。

但这项搜寻工作的耗资是巨大的。工作刚进行了 30 天，就用去几万元，可珍宝却杳无踪影，两位最初的合伙人认定无望而离去。之后，没有一个合伙人能坚持得更久，其中有一位鲍尔的好友，几次加入又几次离去，并一次次劝说鲍尔放弃这“疯子”般的念头。

事后鲍尔说他其实一直有放弃的念头，每次精疲力竭地从海底潜回时他都想永远不再干下去了，他甚至怀疑早年的记录有误，而且 8 年来他已耗尽巨资，债台高筑，但他终于坚持到了成功的这一天。

坚持不用多，在人的一生中，有一次坚持到底就算是成功，而放弃一旦开了头就决不会少，对于曾经认定的事——事业、爱情、友谊，放弃过一次就会一再放弃。

五滴蜂蜜

一个旅人行过空旷的荒野，突然从草丛中奔出一只野象，发狂似的追逐过来。旅人大惊，拔腿逃命。他逃到一个荒废的村落，看见了一口干涸的空井，井旁有一棵老枯树，旅人急忙抓住脆弱的树藤垂入井中，躲过了狂象的追逐。

旅人松了一口气，抬眼四望，大吃一惊，只见井壁四角各盘踞着一条毒蛇，伸出长长的蛇信，垂涎咬啮过来。旅人使尽力气往井底下坠，逃避毒蛇的瘴气，一低头，吓得差点昏厥过去，原来井底竟蜷卧着一条青色毒龙，大睁着一双血红眼，虎视眈眈地瞪着旅人。旅人向上攀爬不得，朝下坠落不能，只好紧紧抓住枯藤，悬荡在半空中。这时又忽然跑出两只黑白老鼠，津津有味地啃噬着旅人赖以保命的树藤。旅人进退维谷，就在这千钧一发之际，只见一片蓝天的井口，恰飞过五只嗡嗡作响的蜜蜂，滴下五滴甘甜的蜂蜜，旅人顿时忘却狂象、蟒蛇、毒龙、黑白鼠的生命威胁，忘情地在枯井中摇来荡去，张大嘴巴，捕捉香冽诱人的五滴蜂蜜。对于这个故事，许多人赞赏旅人懂得享受的生活态度。但是，不积极寻求脱身的办法而去捕捉蜂蜜却显得愚蠢。

心中有世界

一个吸毒的囚犯，被关在牢狱里，他的牢房空间非常狭小，住在里面很是拘束，又不能活动。他的内心充满着愤慨与不平，倍感委屈和难过，认为住在这么一间小囚牢里面，简直是人间炼狱。因此，他每天怨天尤人，不停地叹息着。

有一天，小牢房里面突然飞进一只苍蝇，“嗡嗡”叫个不停，到处乱飞乱撞。他心想：我已经够烦了，又加上这讨厌的家伙，实在气死人了，我一定非捉到你不可！他小心翼翼地捕捉，无奈苍蝇比他更机灵，每当快要捉到它时，它就轻盈地飞走了。苍蝇飞到东边，他就向东边一扑；苍蝇飞到西边，他又往西边一扑。捉了很久，还是无法捉到它，这才慨叹地说：“原来我的小囚房不小啊，居然连一只苍蝇都捉不到，可见蛮大的嘛！”此时他悟出一个道理：心中有事世间小，心中无事一床宽。心外世界的大小并不重要，重要的是我们自己的内心世界。不管世间的变化如何，只要我们的内心不为外境所动，则一世荣辱、是非、得失都不能左右我们。牢狱虽小，心里的世界却是无限宽广的。

天生辽阔

旅人自大西北归，摄回三大堆照片。

我拿起其中的一帧。古老的天地间，方方正正一座土砌的围墙。

“这是什么遗迹？”

“这是当地的民宅。”

民宅？只见围墙，房子在哪里？

旅人解释说，那围墙其实很高，只不过在蓝天底下看不出来。那房子很矮很小，只是从围墙一角的半高处斜出一片屋顶，垒起一截矮墙算数。从这个角度拍过去，房子正好被围墙遮没，严格讲那不是房子，那只是围墙的一部分。

他又特意让我看另一帧。男女老幼，均紫红脸膛，黑亮眼眸，围坐于一炕，那么紧，那么挤。他说，这就是那房子里面的景象了。

我心下奇怪，他们又不是在繁华都市，为争取几个平方米的住房面积煞费苦心。天地那么大，他们为何不将居室弄得稍稍的宽敞一些？

旅人说，他们稀罕什么宽敞！在走来走去都辽阔无边的地方，人和人紧挨在一起才是最好的，温暖、亲密、安全，不是吗？

看起来，我们是想用尽量大的空间来抵挡外面的拥挤，他们是想用尽量小的空间来隔绝外面的空旷。

只可惜，受尽憋屈的我们，把个人空间拓展得再大也还是不免憋屈，要不怎么常常需要宣泄，需要透气，需要放飞心情呢？

而天生辽阔的他们，又偏偏浪费了那辽阔。世世代代，他们只需要那么小的一点点就足够了。生活在都市里的人们，往往觉得自己拥有的空间越来越小。他们是否意识到，其实处处都是辽阔的地方，只要敞开心怀，容纳别人也被人容纳，何处不是生活的空间？

快乐

一个城市女孩，穿了一条白底碎花的新裙子，高兴得跑去给人看。不慎，新裙子染了一滴墨水——尽管它很小很小，但裙子是女孩的心爱之物，那滴墨水使她心里疙疙瘩瘩的。因为那女孩老是想着裙子上那滴该死的墨水，便郁郁寡欢。渐渐地，那滴墨水抵消了她对裙子的爱。之后，它就被弃之一边了。

学校放暑假，那女孩跟父亲的工作组到乡村扶贫，还把她那条因染墨而不穿了的裙子也带了去。后来，那女孩把那条白底碎花的裙子送给了一个乡村女孩，这个乡村女孩见是条裙子，高兴得手舞足蹈，她可是头一回穿裙子呢！尽管她穿上不合体，但在那乡村女孩眼里，世上再没有比裙子更美的服饰了——她快乐得连裙子的式样和大小都不计较，难道她还注意那滴墨水吗？那乡村女孩快乐之极。快乐的形式如此简单，同是一条裙子，在那个城市女孩眼里，她看到的是裙子上的那滴不起眼的墨水；在那乡村女孩眼里，她却看到了喜之不尽的美。一个人快乐与否，完全取决于他看待事物的角度和衡量事物的标准，看他自己的目光所采撷的是美还是丑。

我祝福你

到故宫博物院去看历代金铜佛像展览，下山的时候感到尿急，就跑到附近的公共厕所小解。

在小便池的旁边看见一行小字：“请抬头看看上面。”我忍不住抬头往上看，发现在接近天花板的上方写着：“你还是王八蛋。”下面用小字写着：“请再转头看看后面。”

我忍不住再转过头，看见接近天花板的上方写着：“你还是王八蛋。”下面又用小字写着：“这一点是毫无疑问的。”

从公共厕所走出来的时候，我啼笑皆非，仿佛走进了连环套中，心里想着：这是哪一个无聊人士的杰作呢？这显然是一个聪明人在嘲笑世间，也仿佛是一个愚蠢的人在捉弄自己。

谁是王八蛋？实未可知。

我们的时间如此有限，它可以用来做些有意义或无意义的事，那为什么不做一些有意义的事呢？我们的生命如此仓促，可以用善意的祝福或恶意的嘲弄来面对世界，那为何不选择那善意的祝福呢？

造就与迷失

某人醉心戏剧，他不顾亲朋的反对，毅然选择一处并不热闹的地区，兴建了一所超水准的剧场。

奇迹出现了，剧场启用之后，附近的餐馆一家接一家地开设，百货商店和咖啡厅也纷纷跟进，没有几年，那个地方竟然发展得非常繁荣，剧场的买卖更是鼎盛。

“看看我们的邻居，一小块地，盖栋楼就能赚那么多钱，而你用这么大的地，却只有一点剧场的收入，岂不是太吃亏了吗？”某人的妻子对丈夫抱怨，“我们何不将剧场改建为商业大厦，分租出去，仅仅是租金就比剧场的收入多几倍！”

某人想想确是如此，就草草结束了剧场的经营，贷得巨款，改建商业大楼。怎料商业大楼还没竣工，邻近的餐饮百货店纷纷迁走，房价下跌，往日的繁华又不见了。更可怕的是，当他与邻居相遇时，人们不但不像以前那样对他热情奉承，反而露出敌视的眼光。

某人终于想通了，是他的剧场为附近带来繁荣，也是繁荣改变他的价值观，更由于他的改变，又使当地失去了繁荣。人们常因建设自己而造就别人，又因别人的造就而改变自己。在这种改变中，某些人迷失了，不但迷失了自己，也迷失了那些曾被他造就的人。

助人和扰人

圣诞聚会被迫中断，有报告说，在冰天雪地的高山上，滞留着一个受伤的人。

救人刻不容缓，直升机立即开始搜寻，地面救援队全副武装往山上赶。可出乎意料，当救援队历尽艰辛到达山顶时，迎接他们的只有冷冰冰的两个字：走开！原来这位英国人是个朝圣者，他只是想在白雪封冻的冷静的高山上，在距离“天堂”更近的地方与大自然交流。救援队想要拯救他脱离的那个险境，正是他追求的至高境界，他的计划因别人的救援而惨遭破坏。

由此想起某个寒冷的早晨，一个肢残者摇着轮椅正艰难地上桥，我不假思索就上去助他，气喘吁吁到达桥顶，没承想他回头不是说“谢谢”，而是白我一眼，原来和我一样，他只是个晨练者，我的帮助扰乱了他的计划。

助人是好事，但这绝不意味着，助人就可以不假思索一意孤行（救人倒总是要考虑再三的）。当你没弄清楚别人究竟想干什么时，助人就可能变成扰人。

原则

我曾经是一个漫不经心的人，对生活的态度是“不必太认真”，凡事过得去就行，无论对人还是对己。我一直把它看成优点，认为可以免生许多闲气。但那短短几分钟的经历，竟改变了我的这个看法。

那是 1993 年的除夕之夜，我在德国的明斯特市参加留学生的春节晚会。晚会结束时，整个城市已经睡熟了，在这种时候，谁不想早点儿到家呢？我和先生走得飞快，只差跑起来了。

刚走到路口，红绿灯就变了。迎向我们的行人灯转成了“止步”：灯里那个小小的人影从绿色的、甩手迈步的形象变成了红色的、双臂悬垂的立正形象。

如果在另外的时候，我们肯定停下来等绿灯。可这会儿是深夜了，马路上没有一辆车，即使有车驶来，500 米外就能看见。我们没有犹豫，走向马路……

“站住。”身后飘过来一个苍老的声音，打破了沉寂的黑暗。我的心悚然一惊，原来是一对老夫妻。

我们转过身，歉然地望着那对老人。

老先生说：“现在是红灯，不能走，要等绿灯亮了才能走。”

我的脸忽地烧了起来。我喃喃地道：“对不起，我们看现在没车……”

老先生说：“交通规则就是原则，不是看有没有车。在任何情况下，都必须遵守原则。”

从那一刻起，我再没有闯过红灯。我也一直记着老先生的话：“在任何情况下，都必须遵守原则。”

生活中不是没有原则，而是人们不习惯遵循原则。贪图方便的人，总以为蔑视了原则，自己就获得了优先他人的便利。结果呢？他给别人制造了麻烦，也给自己带来了麻烦。其实，生活中的不便，相当大一部分是人们互相制造的。

最后的请求

那天，警察押着一名死囚上刑场执行枪决。在囚犯走向处决位置时，脚下有一块石头，囚犯一个踉跄。被绊掉了一只鞋，由于他戴着手铐，捡东西不方便，便回头求警察：“请帮我捡一下鞋，好吗？”

这时，旁边一名围观者窃笑道：“命都快没了，还要什么鞋！”

“不！”这名犯人看着那人认真地说，“我已经在这个世界失足一次了，我不想再在另一个世界里失足。”

那人先是愕然一怔，继而满脸通红。

警察忙捡起了那只鞋，并帮他穿好。

悔悟，是一个人经过了挫折之后才得出的经验，只要我们真正有所悔悟，不论何时都不算晚。

金子与小石子

一位自认为有才华的青年因得不到重用，非常地苦恼。他质问上帝，命运为何对他如此不公。

上帝从路边随便捡起一块小石子，又随即扔了回去，问青年：“你能找到刚才扔下去的那块石子吗？”

“不能。”青年摇了摇头。

上帝把手指上的金戒指取下来，扔到石子堆中去，又问青年：“你能找到我刚才扔下去的金戒指吗？”

“能。”青年没多久就找到了金戒指。

“你现在明白了吗？”上帝问道。

青年犹豫了一阵，兴奋地回答：“明白了。”

其实，当一个人抱怨自己怀才不遇时，许多的情况恰恰是：他只不过是一块小石子，而远远不是一块金子。好好看清自己，是金子总会发光的。

医师有仁心

去年，玛莲娜的脚趾头不慎受了点伤，伤口始终无法封口，反而日趋严重，她只好到长庚医院找医师看病。

由于伤口正好位于脚底，膝盖关节又僵硬弯曲，也无法抬高，玛莲娜建议医师把她抬到诊台上，以方便检查，没想到医师笑着说：

“抬你一个人要麻烦许多人，不如我一个人省事！”

于是，就看见堂堂大医师半跪半趴在地上，为玛莲娜清理伤口、消毒换药。一旁的护士小姐打趣道：“你知道吗？我们医院有史以来，从来没有一个病人让我们的主治医师如此‘卑躬屈膝’过！”

伤好后，玛莲娜为图方便，到就近的一家医院。一位医师很自然地蹲下身子为她拆绷带，不料却引起正进来巡诊的副院长大发雷霆，呵斥他：“医师有医师的尊严，可以让病人把脚抬到椅子上，何必像乞丐一样蹲在地上闻病人的臭脚丫！”

到底什么是医师的尊严？医师关心的是“病”还是“病人”？在现今的社会，昂首阔步，趾高气扬的人比比皆是，然而，有资格骄傲的人却不骄傲，才是真正的谦卑。

一个孩子告诉我们的

有一个关于一位牧师的令人惊奇的小故事：星期六的早晨，他打算在很困难的条件下，准备明天讲道的内容：他的妻子出去买东西了；那天在下雨，他的小儿子吵闹不休，令人讨厌。最后，这位牧师在失望中捡起一本旧杂志，一页一页地翻阅，直到翻到一幅色彩鲜艳的大图画——一幅世界地图。他就从那本杂志上撕下这一页，再把它撕成碎片，丢在起坐间的地上，说着："小约翰，如果你能拼好这些碎片，我就给你2角5分钱。"

牧师以为这件事会使小约翰花费上午的大部分时间。但是没过10分钟，就有人敲他的房门，打开房门一看，正是他的儿子。牧师惊愕地看到约翰如此之快地拼好了一幅世界地图。

"这孩子，你是怎样把这件事做得这样快？"

"啊，"小约翰说，"这很容易。在另一面有一个人的照片。我就把这个人的照片拼到一起，然后把它翻过来。我想如果一个人是正确的，他的世界也就会是正确的。"

牧师微笑起来，给了他的儿子2角5分钱。他说："如果一个人是正确的，他的世界也就会是正确的。"

如果你想改变你的世界，首先就应改变你自己。如果你是正确的，你的世界也会是正确的。当你抱着这种积极的心态去对待人生时，你的世界中出现的一些问题在你面前也势必要低头。

半瓶威士忌

贾德森·韦布是美国商人，他在纽约拥有一幢舒适的公寓，可每当夏季来临，他总要离开灰蒙蒙的都市到乡下去。他有套乡间小别墅，别墅里还有一个放猎枪、鱼竿、酒等东西的大壁橱。这壁橱他自己用，连他太太都没有钥匙。贾德森·韦布珍爱自己的东西，别人碰一下他都会发火。

现在已经是秋天了，贾德森几分钟以后就要启程回到纽约的现代生活中去了。他看了看摆放威士忌的壁橱，神情严肃。所有的酒瓶都没有启封，只有一瓶除外。这瓶酒被放在前面，里面的酒不到半瓶，旁边还有一个威士忌酒杯，看起来十分诱人。他刚拿起酒瓶，就听到妻子海伦在另一个房间的问话："我都收拾好了，亚历克什么时候才能回来？"亚历克住在附近，兼做他们的管家。

"他在湖里拖小船呢，半小时以后就能回来！"

海伦提着手提箱走了进来，看到丈夫把两片药片扔进了半空的酒瓶，药片很快溶解了。"你在干什么？"她问。

"咱们走了以后，去年冬天破门而入偷去我的威士忌的人可能还会故伎重施，可他这次会后悔的。"

海伦心惊胆战地问："你放的什么药？会使人生病吗？"

"岂止是生病，还会要人的命呢。"他心满意足地答道，依旧把酒瓶放回原处。"嗯，小偷先生，你想喝多少就悉听尊便吧。"

海伦的脸色一下子变得苍白，她嚷着："贾德森，别这样，太可怕啦，这是谋杀呀！"

"如果我开枪打死一个私入民宅的小偷，法律不会称之为谋杀的。"

她哀求道："别这样，法律不会判入户盗窃者死刑的，你有什么权力这么做？"

"当涉及我的私有财产的，我会制定我的私人法律。"他现在看起来就像一条害怕别人夺走他的骨头的大狼狗。

"他们不过是偷了点儿酒而已，可能是些小男孩干的，也没搞什么破坏。"她又说。

“那又有什么关系？一个人偷了5美元与100美元毫无区别，贼就是贼。”

她做最后的努力：“咱们得明年夏天才能来，我会一直担惊受怕的，万一……”

他哈哈大笑：“我以往担着风险做生意不也赚了吗？咱们再冒一次险又能怎样？”

她明白再争下去也是徒劳，他在生意上也一直这样冷酷无情。于是，她借口向邻居告别，把这事告诉给了管家的妻子。

贾德森正要锁壁橱，忽然想起晾在花园桌子上的猎靴忘了打进行李。他伸手够靴子时，脚在一块石头上滑了一下，头撞在笨重的大桌子角上，昏倒在地。

几分钟后，他感觉有双有力的臂膀在抱着他，他听出是亚历克的声音：“没事啦，先生，你伤得不重，喝点这个会使你感觉好些。”一个威士忌酒杯送到了他嘴边，他迷迷糊糊地喝了下去。“害人终害己”，这是一个历史久远的训诫，可总有人将它忽视了。害人的人不仅是对他人生命的不尊重，也是对自己生命的不尊重。这个世界需要的是和睦相处，需要的是相互关爱，对人对己，这都是有利的。

第九辑

弹拨真实心态

红尘万丈，尘世中的我们为钱、为权、为名、为利变得庸俗而世故，人性中的真善美也被各种利益关系所掩盖。所谓的友人大多成了事业上的合作伙伴，所谓亲人也总是摆脱不了各种利益上的往来……在各种应酬闲暇之余，应留给自己一些时间，向无限深处的地方重新发现一下自己内心的真实状态。

窗景

两个重病患者同住在医院的一间病房里，病房只有一扇窗户。靠窗的那个病人遵医嘱每天须坐起来一小时以排除肺部积液，但另外一个却只能整天仰卧在床上。

两个病人天天在一起。他们互相将自己的妻子、儿女、家庭和工作情况告诉了对方，也常常谈起自己的当兵生涯、假日旅游等等。此外，靠窗的那个病人每天下午坐起来时，还会把他在窗外所见到的情景一一描述给他的同伴听，借以消磨时光。

就这样，每天下午的这一小时，就成了躺在床上无法动弹的那个病人的生活目标了。他的整个世界都随着窗外那些绚丽多彩的活动而扩大和生动起来。他的朋友对他说：窗外是一座公园，园中有一泓清澈的湖水，水上嬉戏着鸭子和天鹅，还穿行着孩子们的玩具船；情侣们手挽手地在湖边的花丛中漫步，巨大的老树摇曳生姿，远处则衬托着城市美丽的轮廓……随着这娓娓动听的描述，他常常闭目神游于窗外的美妙景色之中。

一天下午，天气和煦。靠窗的那个病人说，外面正走过一支游行队伍。尽管他的同伴并没有听到乐队的吹打声，但他的心灵却能够从那生动的描绘中看到一切。这时，他的脑海中突然冒出了一个从未有过的问题：为什么他能看到这一切、享受这一切，而我却什么也看不见呢？好像不公平嘛！这个念头刚刚出现时，他心里不无愧疚之感；然而日复一日，他依然什么也看不见，这心头的妒忌就渐渐变成了愤恨。于是他的情绪越来越坏了。他抑郁烦闷，夜不能寐。他理当睡到窗户旁去啊！这个念头现在主宰着他生活中的一切。

一天深夜，当他躺在床上睁眼看着天花板时，靠窗的那个病人猛然咳嗽不止，听得出，肺部积液已使他感到呼吸困难。当他在昏暗的灯光下吃力挣扎着想按下呼救按钮时，他的同伴在一边的床上注视着，谛听着，但却一动也不动，甚至没有揿下身旁的按钮替他喊来医生，病房里只有沉寂——死亡的沉寂。

翌日清晨，日班护士走进病房时，发现靠窗的那个病人已经死去。护士感到一阵难受，但随即便唤来杂役将尸体搬走了——既不费事，也无须哭泣。当一切恢复正常后，病房里剩下的那个病人说他希望移到靠窗的床上。护士自然替他换了床位。把病人安置好后，她就转身出去了。

这时，病房里只有他一个人了。他吃力地、缓缓地支起上身，希望一睹窗外的景色——他马上就可以享受到窗外的一切景色了，他早就盼望着这一时刻了！他吃力地、缓缓地转动着上身向窗外望去——

窗外，只有一堵遮断视线的高墙。对美好生活的向往支持着与病魔抗争的坚强信念，靠窗的病人一直在诉说着一个美丽的谎言，支持病友也支持自己。然而，人性的天敌——嫉妒毁掉了这个美丽的谎言，也毁掉了这两个病人。当嫉妒的光芒强大起来时，希望之光也随之暗淡。

寻找价值

有一位老翁将他白手起家的故事讲给儿子听，从未走出家门的儿子被老父的艰苦创业感动了，决定远离温馨之家，寻找宝物。于是，他特制了一艘坚固的大船，在亲友的欢送中驶向了大海。他驾船和险风恶浪搏斗，穿越无数岛屿，最后在热带雨林中找到一种高十余米的树木，这种树整个雨林也只有一两棵。如果砍下它一年后让外皮朽烂，留下木心沉黑的部分，一种无比的香气便散发开来；若把它放在水中，则不像别的树木一样漂浮，反而会沉入水底。青年为此发现而兴奋不已。

青年将香味无比的树木运到市场去卖，怎么也不见有人问津，这使他十分烦恼。而他身旁有人卖木炭，买者却很多。青年终于动摇了信心：“既然木炭这么好卖，为什么我不把香树变成木炭来卖呢？”

后来，他就把香木烧成木炭，挑到市场，很快就卖光了。青年为自己改变了心意而自豪，得意地回家告诉他的老父。不料，老翁听了，泪水刷刷地落下来。

原来，青年烧成木炭的香木，是世上最珍贵的树木——沉香。老翁说：只要切下一块磨成粉屑，它的价值也会超过卖一年木炭的钱啊……我们充满梦想，跋山涉水，历尽千辛万苦寻找有价值的东西，可真正有价值的东西在自己手里却不能被发现，因而也不懂得珍惜。从珍惜自己，珍惜身边的东西入手吧，这些往往是你能抓住的最有价值的东西。

杯子的故事

你手头有一个杯子需要卖出，它的成本是 1 元钱，怎么卖？

仅仅是卖一个杯子，也许最多只能卖 2 元；

如果你卖的是一种最流行款式的杯子，也许它可以卖到三四元；

如果它是一个出名的品牌的杯子，它说不定能卖到五六元；

如果这个杯子据说还有些其他的功能的话，它可能卖到七八元；

如果这个杯子外面再加上一套高级包装，卖 10 元 20 元也是可能的；

如果这个杯子正好是某个名人用过，与某个历史事件联系了起来，一不小心，卖一二百元也有人要；

如果这个杯子有过一段更独特的经历，比如曾经随飞船上过太空之类，卖一二千元或许也不算高了。

同样一个杯子，杯子里面的世界，它的结构、内容、功能等等依然如故，但随着杯子外面的世界变化，它的价值，却在不断地改变。“功夫在诗外”，杯子外面的世界，永远会远远大于杯子里的世界。人之所以为人，一个重要的特点是他有想象、有思想，人的行为也总或多或少地融合了现实与想象。利用了外面的世界，杯子的价值才能被充分地挖掘出来。

抉择

一个农民从洪水中救起了他的妻子，孩子却被淹死了。

事后，人们议论纷纷。有的说他做得对，因为孩子可以再生，妻子却不能死而复活。有的说他做错了，因为妻子可以另娶一个，孩子却不能死而复活。

如果只能救活一个，究竟应该救妻子呢，还是救孩子？

于是有人问那个农民，问他当时是怎么想的。

他答道：“我什么也没想。洪水袭来时，妻子在我身边，我抓住她就往附近的山坡游。当我返回时，孩子已经被洪水冲走了。”在人生的许多重大抉择面前，人们犹豫、困惑，难以取舍，结果时机已过，连抉择的可能都没有了，从而后悔不及。其实，首先抓住能够把握好的东西，然后再考虑其他，这是最有效、最明智的做法，千万别等到本可以把握的东西也失去后才来追悔。

把悲痛藏在微笑下面

第二次世界大战期间，一位名叫伊丽莎白·康黎的女士在庆祝盟军在北非获胜的那一天收到了国际部的一份电报，她的侄儿——她最爱的一个人死在战场上了。她无法接受这个事实，她决定放弃工作，远离家乡，把自己永远藏在孤独和眼泪之中。

正当她清理东西，准备辞职的时候，忽然发现了一封早年的信，那是她侄儿在她母亲去世时写的。信上这样写道：“我知道你会撑过去。我永远不会忘记你曾教导我的：不论在哪里，都要勇敢地面对生活。我永远记着你的微笑，像男子汉那样，能够承受一切的微笑。”她把这封信读了一遍又一遍，似乎他就在她身边，一双炽热的眼睛望着她：“你为什么不照你教导我的去做？”

康黎打消了辞职的念头，一再对自己说：我应该把悲痛藏在微笑下面，继续生活，因为事情已经是这样了，我没有能力改变它，但我有能力继续生活下去。事情是这样的，就不会那样，隐在痛苦泥潭里不能自拔，只会与快乐无缘，告别痛苦的手得由你自己来挥动，享受今天盛开的玫瑰的捷径只有一条：坚决与过去分手。

最后的交易

早晨，我走在石头铺成的路上，大叫着："来雇我吧！"

国王坐着华丽的马车来到我身边，他手握宝剑，抓住我的手说："我用我的权力雇你。"

但权力对我毫无意义，他坐着马车走了。

正午时分，烈日炎炎，房屋都紧闭着。

我徘徊在弯弯曲曲的窄巷中，一个老人提着金袋走了出来。

他沉思片刻，然后说："我用我的金钱雇你。"

他一枚枚掂量着他的金币，我摇摇头走开了。

晚间，花园的篱笆边芳香四溢。

美丽的姑娘走过来说："我用我的微笑雇你。"

她的微笑很快变得苍白，融化成了泪水，她只有独自回到黑暗中去了。

太阳照着海滩，海浪拍打着海岸。一个儿童坐在沙滩上玩着贝壳。

他抬起头来，好像认识我："我雇用你，但没任何报酬。"

从此，这与顽童的交易使我成了一个自由的人。权力、金钱、美貌，这些都只会增加人生的负担。唯有自由，挣脱一切的自由，让我们成为一个完整的人，一个真正意义上的人。如果让你选择，你会做怎样的交易？

增加一个休止符

在贝多芬奏鸣曲中，有些慢板乐章里，你会看到在一连串弱音主奏之后，竟出现一个长休止符，紧接着开始了另一段新的吟唱旋律。可别小看了这个似乎不起眼的休止符，它可是扮演了一个“起承转合”的角色，也正因为有了它，前段的主题可以在后段音乐开始前，作一个戏剧性的收尾。

伟大的作曲家能作出艰深复杂的作品。可是，常常令我着迷的，不是乐曲里华丽的技巧和优美的旋律，而是常被拿来当陪衬的休止符。有了它，整首曲子才能达到红花绿叶、画龙点睛的效果；有了它，才能真正地把音乐推向一个更为深邃广大、无限神秘与想象的境界。

在准备个人钢琴演奏会的前夕，我曾向指导教授 Dr.Saffer 请教一些上台的应对表现。她给我的建议是:“在弹完最后一个音时，不要急着起身行礼，记得再加弹一个小节的休止符，这样可以让你的听众更能够感受到这些仍然散发、飘荡在空气中的音乐气势。”这令我联想起白居易在《琵琶行》里所描述的:“……别有幽愁暗恨生，此时无声胜有声。银瓶乍破水浆迸，铁骑突出刀枪鸣。曲终收拨当心画，四弦一声如裂帛。东船西舫悄无言，唯见江心秋月白。……”这一句“东船西舫悄无言”形容得好不贴切，如果当时四处响起的是一片鼓掌叫好之声，铁定是破坏了整个美好的画面。可见适时的“休止无声”有时候是有必要的。

反观人生，我们也可以把它比喻成一首歌，有高潮迭起时，也有风平浪静时。谁说生活里有太多的无奈，有太多的身不由己？若能适时在忙碌的日子里加上一个休止符，相信必能达到修身洗心之效果，更能造就自己的深度、笃定和成熟。

读读自己

两个久未见面的朋友在街头巧遇。甲问：“最近忙些什么？”乙答：“闭门思过。”甲竖起大拇指：“好！我们有时候也该反省反省自己。”乙说：“不！我思他人之过。”

圣经《约翰福音》第八章记载了这样一个故事：一个妇人在行淫之时被捉拿，依戒律应处死，村人一个个拿石头围着她，并请教耶稣该怎么办？耶稣当时弯着腰用指头在地上书写，没有搭腔。他们还是不住地问，耶稣就直起腰来说：“你们中间谁是没有罪的，谁就可以先拿石头打她。”于是又弯腰用指头在地上书写。村人们听见这话，从老到小一个个离去了，只剩下耶稣和那妇人。耶稣直起腰说：“妇人，那些人在哪里？没有人定你的罪吗？”妇人说：“主啊！没有。”耶稣说：“我也不定你的罪。去吧！从此不要再犯罪了。”

我们都不免去批评别人，可是却很容易原谅自己。我们看得见别人的脸，却看不见自己的脸（除非照镜子）；我们知道这事，知道那事，但不见得真正知道自己的心。我们不妨细细读读自己，因为一个人有勇气面对自己，才能好好面对别人，面对世界。

意外结局

雍容华贵、仪态万千的公主爱上了一个小伙子，很快，他们踩着玫瑰花铺就的红地毯步入了结婚殿堂。故事从公主继承王位、成为权力威慑无边的女王说起。

随着岁月的增长，女王渐渐感到自己衰老了，花容月貌慢慢失色，不得不靠一层又一层的化妆品换回昔日的风采。“不，女王的尊严和威仪绝不能因为相貌的萎靡减损丝毫。”女王在心中给自己下达了圣旨，同时她也对所有的臣民，包括自己的丈夫下达了近乎苛刻的规定：不准在女王没化妆的时候偷看女王的容颜。

那是一个非常迷人的清晨，和风怡荡，柳绿花红，女王的丈夫早早起床在皇家园林中散步。忽然，随着几声悦耳的啁啾鸟鸣，女王的丈夫发现树端一窝小鸟出世了。多么可爱的小鸟啊！他再也抑制不住内心的喜悦，飞跑进宫，一下子推开了女王的房门。女王刚刚起床，还没来得及洗漱，她猛然一惊，仓促间回过一张毫无粉饰的白脸。

结局不言而喻，即使是万众敬仰的女王的丈夫，犯下了清规戒律，也必须与庶民同罪——偷看女王的真颜只有死路一条。

女王的心中充满了悲哀，她不忍心丈夫因为一时的鲁莽和疏忽就惨遭杀害，但她又绝不能容忍世界上任何一个人知道她不可告人的秘密。执行斩首的那一天，女王泪水涟涟地去探望丈夫，这些天以来，女王一直渴望知道一件事，错过今日，也就永远揭不开谜底了。终于，女王问道：“没有化妆的我，一定又老又丑吧？”

女王的丈夫深情地望着妻子说：“相爱这么多年，我一直企盼着你能够洗却铅华，甚至摘下皇冠，让我们的灵魂赤诚相融。现在，我终于看到了一个真实的妻子，终于可以以一个丈夫的胸怀爱她的一切美好和一切缺欠。在我的心中，我的妻子永远是美丽的。我是一个多么幸福的丈夫啊！”

故事后来的情形呢？我不知道，但我明白了，真正的爱情可以穿越许多外表的浮华，直到心灵的融合。我们在人与人之间设立了太多的屏障，甚至于亲人、爱人之间也不能以真实面目相对。除去外表的浮华，卸去心灵的伪装，方可达到真正的人与人的融合。

我少了一双鞋，却有人缺了两条腿

“我曾是个多虑的人，”阿伯特说道，“但是，1934年的春天，我走过韦布城的西多提街道，有个情景扫除了我所有的忧虑。

事情的发生只有十几秒钟，但就在那一刹那，我对生命意义的了解，比在前10年中所学的还多。这两年，我在韦布城开了家杂货店，由于经营不善，不仅花掉了所有的积蓄，还负债累累，估计得花7年的时间才能偿还。

我刚在上星期六停止营业，准备到商业银行贷款，以便到堪萨斯城找份工作。我像只斗败的公鸡，没有了信心和斗志。

突然间，有个人从街的另一头过来。那人没有双腿，坐在一块安装着溜冰鞋滑轮的小木板上，两手各用木棍支撑前行。他横过街道，微微提起小木板准备登上路边人行道。

就在那几秒钟，我们的视线相遇，只见他坦然一笑，很有精神地向我招呼，‘早安，先生，今天天气真好啊！’我望着他，体会到自己是何等富有。我有双足，可以行走，为什么却如此自怜？这位缺了双腿的人仍能如此快乐自信，我这个四肢健全的人还有什么不能的？

我挺了挺胸膛，本来预备到商业银行只借100元，现在却很有信心地宣称：我要到堪萨斯城去找一份工作。结果，我借到了钱，也找到了工作。现在，我把下面一段话写在洗手间的镜面上，每天早上刮胡子的时候都念它一遍：

我闷闷不乐，因为我少了一双鞋，直到我在街上，见到有人缺了两条腿。”在我们的生活当中，约有90%的事情是好的，10%的事情是不好的。如果你想过得快乐，就应该把精神放在这90%的好事上面；如果你想担忧、操劳，或得肠胃溃疡，就可以把精力放在那10%的坏事情上面。

找一处宁静

想象一下，一个很有心计的人，在沙漠里安装了一部公用电话。

其初衷当然是为了那些偶尔经过的人，可以使用它来接通城市，以满足物质的、心理的种种需求甚至援救，而绝不会是相反的情形，有人打电话过来。打过来找谁呢？有谁会傻傻地在沙漠里等待一个电话呢？

住得离这部公用电话最近的人名叫查理，他家离电话亭约10公里。有一天他经过这儿，听见电话铃声在响……

那个人显然是拨错号了，但他与接听电话的查理聊了一会儿，聊得挺愉快。后来查理经过时，只要听到电话铃声在响，就去接听，他和每个打进电话来的人都聊得很愉快。但心里不免奇怪，自己与那些人素不相识，他们都是来找谁的呢？

有一段时间查理试着不去接那个电话，渐渐地他发现，无论接与不接，那电话总是在响，就像都市里的心理热线那样。

久居沙漠的查理当然不知道，对于都市人，这电话还真有点类似心理热线的作用。身居闹市的他们凭借一根电话线接通了一片宁静，如果正好查理来接，他们可以聆听那寂静无边的美妙声响；如果没人接听，就正好证实了那里空无一人。他们本来就不是想找什么人，而是想找一处宁静，一处可供心灵迷失片刻的地方。

查理更想不到的是，这个电话号码如今已被贴在互联网上，很多人都在拨打它。结果是，那头电话铃声整天响个不停，这头拨号时常遭遇忙音。为了找一处宁静，人们争先恐后，拥挤如斯。人们生活在拥挤而嘈杂的都市，但彼此的心灵距离却越来越远，虽然，大家都渴望交流和倾诉，却找不到合适的对象；大家想要找一个安静与空旷的地方却不可得。这是谁造成的？还不是我们自己。

三个梦

从前，奇特拉杜尔加有一位国王，他十分关心百姓的疾苦，很受臣民爱戴。这位国王有个癖好，就是爱做稀奇古怪的梦。因此，人们都叫他“梦王”。

一天，国王梦见一只红狐狸悬挂在他床头的上空。他百思不解其意，便下令把全国的学者召到王宫，给他角梦，可是谁也解释不出这个梦的意思。于是，国王宣布，如果谁能角梦，就赏给他1000枚金币。

某个村子里有个穷农夫，他听说这一消息后，连夜去找知识渊博的婆罗门拉马·乔西。农夫对婆罗门说：“如果您能告诉我这个梦的意思，我一定把国王的赏钱分给您一半。”

博学的婆罗门既不贪名，也不图利，但他想考验一下农夫是否忠诚。因此，他同意了农夫的要求。他说：“这个梦是向国王暗示，在我们这个王国里，存在着许多虚伪、欺骗和不诚实的现象，他应设法尽快杜绝。”

国王听了农夫的解释，连连点头称是。他赏给了农夫1000枚金币。可是，自私的农夫没有履行诺言，他一个人把钱独吞了。

不久，国王又做了一个怪梦，梦见在他头上悬挂着一把寒光闪闪的匕首。这次，他宣布，如谁能圆梦，就奖赏5000枚金币。

农夫又来求婆罗门拉马·乔西，并发誓这次一定把赏金分给他一半。

拉马·乔西对他说：“这个梦说明奇特拉杜尔加即将遭到敌人的进攻。快去禀告国王，从现在起，务必做好抗击敌人的准备。”

国王听完农夫的解释，立刻下令军队处于戒备状态。不久，果然有敌军来犯，国王的军队很快就把他们打退了。

国王奖给农夫5000金币，可他这次又分文没给拉马·乔西。

过了一些日子，国王又做了一个离奇的梦，梦见王宫的花园里有一只羊在悠闲地吃草，有一只白鸽在他头顶上盘旋。这次，国王宣布，谁要是能解梦，就赏给他许多珠宝。

农夫又厚着脸皮来向拉马·乔西讨教。品格高尚、博学多识的婆罗门不计前嫌。他对农夫说：“你去告诉国王，这个梦是个好兆头，预示我们国家今后将会出现太平盛世。”

国王听罢农夫的解释，非常高兴，赏给了他许多宝石和金币。

这次，农夫终于悔悟了，他对自己的不诚实的行为感到十分惭愧。他以忏悔的心情，带着国王赏给他的所有金币和宝石来到拉马·乔西的家里，要把这些东西全都送给他，想以实际行动痛改前非。

婆罗门却不肯接受。他说：“第一次是虚伪、欺骗和不诚实的思想控制了你的灵魂；第二次是私心杂念占据了你的头脑；第三次你终于战胜了邪念。现在，你的内心已经充满了仁爱、感激和友好的情感。你不必再为过去的错误行为苦恼了，神明会宽恕你的。”虚伪、欺骗、自私、贪婪会把人引向歧途，但若能及早悔悟，也可以获得宽恕。佛说："放下屠刀，立地成佛。"只要勇于改正错误，任何时候都不算晚。怕就怕一错再错，永不回头。

那不是最好的

在那一届很权威的生活摄影大赛中，他获得金奖，从千千万万摄影爱好者中脱颖而出。

被音乐与掌声簇拥上台，谈获奖感想。他开口便说："那不是我最好的作品……"台下哗然，以为他狂，谁知他讲的是实情。"半年前家中失火，照片底片全部被烧光。参加评比的那幅，是相册中夹不下，淘汰下来，妻子拿到丈母娘家去，才得以幸存的。"

众人便折服于他的才气，想象在大火中化为灰烬的那些"最好的"，不知要好到怎样的程度。

一个金奖让他信心倍增，下一届大赛前，他精选了又精选，送出自己最满意的作品，却没有获奖。

再下一届，再再下一届，每回他都憋足了劲，却终究没能再获奖。

这便使人想到，获金奖之前他也曾数度参加评奖，均空手而回。他唯一的那个金奖也许正因了"那不是最好的"，要是没有大火的淘汰，要是总按他自己的那个"最好"的标准，他也许永远与金奖无缘。搏击一世却未成功的人，会不会是因为他生命中真正精粹的部分，被自以为"那不是最好的"而抛弃，因而从未得以展示呢？很多时候，埋没天才的不是别人，恰是自己。

把最坏的日子捱过去

凡·高在成为画家之前，曾在一个矿区当牧师。有一次他和工人一起下井，在升降机中，他陷入巨大的恐惧。颤巍巍的铁索轧轧作响，箱板在左右摇晃，所有的人都默不作声，听凭这机器把他们运进一个深不见底的黑洞，这是一种进地狱的感觉。事后，凡·高问一个神态自若地老工人：“你们是不是习惯了，不再感到恐惧？”这位坐了几十年升降机的老工人答道：“不，我们永远不习惯，永远感到害怕，只不过我们学会了克制。”有些生活，你永远也不会习惯，但只要你活着，这样的日子你还得一天一天过下去，所以你就得学会克制，学会忍耐。你不习惯黑夜，但黑夜每天适时而来，你忍耐着，天就亮了；你不习惯寒冷的冬季，但冬天的脚步渐渐逼近，你忍耐着，那春天还会远吗？

爱你的理由

郑云觉得班里的好学生就像茶壶里的饺子似的那么多，可她不是。教过她的老师都说她的脑子不好使，她自己也这么认为。特别是数学，无论怎么认真听，都不知道老师说的是什么，数学老师就说她上课不注意听讲，其实郑云不是不注意听讲，而是听不懂。

班里的女孩子都不爱和她玩，一开始她很伤心，可慢慢地她就习惯了。她混到了男孩子堆里，和他们一起踢球，在楼后面捉老鼠……

暑假过后，学校里来了一个新老师，正好教郑云他们班自然课，因为她是新老师，所以大家都觉得新鲜。后来，新来的老师注意到了她，说她的球踢得不错，还说她的动手能力很强，郑云感动得悄悄地哭了。

郑云下定决心，她要赢得老师更多的夸奖，但她的进步很慢，令别人都觉不出来，可她自己一直在偷偷地努力。

新年的时候，她意外地收到了自然老师送给她的一个厚厚的笔记本，本子上的那句话深深地印在她的心上："你是一个可爱的孩子，我觉出了你在努力——这是我爱你的理由。"

任何人都有可爱之处，只要我们用心去发掘。不要妄自菲薄，只要我们努力，发挥自己的长处，改正不足，我们就在不断进步，我们就拥有了被人爱的理由。

其实你也有问题

有个太太多年来不断指责对面太太很懒惰："那个人的衣服，永远洗不干净，看，她晾在院子里的衣服总是有斑点，我真的不知道，她怎么连洗衣服都洗成那个样子……"

直到有一天，有个细心的朋友到她家，才发现不是对面的太太衣服洗不干净。细心的朋友拿了一块抹布把这个太太的窗户上的灰渍抹掉，说："看，这不就干净了吗？"

原来，是自己家的窗户脏了。当你背向太阳的时候，你只会看到自己的阴影，连别人看你，也只会看见你脸上阴黑一片。只拿愤世嫉俗来替代反省自己的机会，对自己的成长是一种最大的耽误。

聪明的爱国者

一个聪明的爱国者获准觐见国王。他从衣袋里取出一张纸条，说："禀告陛下，我这里有一种配方，可以制造出任何武器都不能穿透的装甲钢板。如果皇家海军采用这些钢甲，我们的战舰将坚不可摧，战无不胜。这还有宫内大臣的报告，鉴定了我这项发明的价值。我愿以100万的价钱出让这项专利。"

国王仔细审阅文件，然后让财务大臣提取100万。

"还有呢，"这个聪明的爱国者从另一个口袋里拿出一张纸条，"这是我发明的一种武器的制造方案，可以穿透那种钢甲。陛下的兄弟——邦国皇帝——急欲购买这项专利。但出于对陛下的王位的忠诚，我首先向陛下出售。价钱嘛，还是100万。"

得到了另一张支票的许诺，他又把手伸进另一个口袋，谈论道：

"陛下，对付那种钢甲，我还有一种特殊的新方法，这是一种不可抗拒的武器。""有鉴于此，"国王对手下人说，"请报告他有多少个口袋。"

细察完毕，杂役总管说："陛下，43个"。

"禀告陛下，"聪明的爱国者惊慌地叫道，"有一个口袋装着香烟。"

"把他倒挂起来，摇一摇。"国王说，"给他一张4200万的支票，把他的行为列为一大罪状。"聪明反被聪明误，聪明被列为一大罪状实不为过。总把别人当傻瓜的人最终会吃到苦头的，自以为可以欺骗别人，在贪欲的怂恿下一次次玩着骗人的伎俩，他迟早会露馅的。不要低估别人的智商，谁也不比谁傻。

此岸彼岸

一条河隔开了两岸。此岸住着和尚，彼岸住着凡夫。和尚每天看见凡夫日出而作，日落而息，十分羡慕。凡夫每天看见和尚无忧无虑，诵经撞钟，十分向往。

日久他们的心中便产生了一个念头：到对岸去，到对岸去！

如此，他们在某一天达成协议。于是，凡夫变成了和尚，和尚变成了凡夫。

成了和尚的凡夫，不久便发现和尚并不好做，以前羡慕和尚的悠闲，做了和尚后，才明白正是这份悠闲，让他无所适从。从此他又对凡夫的生活百般怀念起来。

做了凡夫的和尚，更不能忍受尘世种种的烦忧、辛劳、困惑，于是他又记起做和尚的好处来。

日久，他们的心中又渐渐地产生了一个念头：到对岸去，到对岸去。很多的时候，我们都像和尚与凡夫一样，站在生活的此岸，目光却总是盯着彼岸，因为那一条岸里，有我们不曾涉及的内容，不曾涉及的，在我们看来总是美好的。而我们涉水而过，有时会猛然惊觉，我们已经失去了属于自己的那一条生活的河岸。

一个人的一生

那时他还年轻，凡事都有可能，世界就在他的面前。

一个清晨，上帝来到他身边："你有什么心愿吗？说出来，我都可以为你实现，你是我的宠儿。但是记住，你只能说一个。"

"可是，"他不甘心地说，"我有许多的心愿啊。"

上帝缓缓地摇头："这世间的美好东西实在太多，但生命有限，没有人可以拥有全部，有选择，就有放弃。来吧，慎重地选择，永不后悔。"

他惊讶地问："我会后悔吗？"

上帝说："谁知道呢。选择爱情就要忍受情感的煎熬；选择智慧就意味着痛苦和寂寞；选择财富就有钱财带来的麻烦。这世上有太多的人在走一条路之后，懊悔自己其实该走另一条道。仔细想一想，你这一生真正想要的是什么？"

他想了又想，所有的渴望都纷至沓来，在他周围飞舞。哪一件是他不能舍弃的呢？最后，他对上帝说："让我想想，让我再想想。"

上帝说："但是要快一点啊，我的孩子。"

从此，他的生活就是不断地比较和权衡。他用生命中一半时间来列表，用另一半的时间来撕毁这张表，因为他总发现他有所遗漏。

一天又一天，一年又一年。他不再年轻了，他老了，他更老了。上帝又来到他面前："我的孩子，你还没有决定你的心愿吗？可是你的生命只剩下5分钟了。"

"什么？"他惊讶地叫道，"这么多年来，我没有享受过爱情的快乐，没有积累过财富，没有得到过智慧，我想要的一切都没有得到。上帝啊，你怎么能在这个时候带走我的生命呢？"

5分钟后，无论他怎么痛哭求情，上帝还是满脸无奈地带走了他。

可后来许多人都说，他其实还在这世间活着。确实，这样的人在世上还有很多，他们的一生都是在思索、选择中度过，而不是确切地去执行某一个选择。人生无处不是在选择，既然无法拥有一切，那就会有取有舍；若要贪全，恐怕最后只能是一无所得。

快乐的根源

有一个富商，生意做得红火，每日操心、算计，很是烦恼。紧挨他家住着一户穷苦人家，夫妻俩以做豆腐为生，虽说是清贫辛苦，却有说有笑。富商的太太见此情景心生嫉妒，说："唉！别看咱家里嵌银镶玉，可我觉得还不如隔壁卖豆腐的穷夫妻，他们虽说穷，可快乐值千金呀！"富商听太太这样讲，便说："那有什么，我叫他们明天就笑不出来。"言罢，他一抬手将一只金元宝从墙头扔了过去。次日清晨，那对穷夫妻发现了地上那块来历不明的金元宝，欣喜异常，都说发财了，再不用磨豆腐了。可是用这些钱干点什么呢？他们盘算来盘算去，又担心被左邻右舍偷去了钱财。如此这般，夫妻俩茶饭不思，坐卧不宁。自此，再也听不到他们的笑声了。一墙之隔的富商对太太说："你看，他们不说了，不笑了，不再唱歌也不再干活了——当初我们不也是这样开始的吗？"

有些时候，剥夺人生快乐的与其说是兵戎相见，不如说是物欲圈套；耗尽我们生命的与其说是穷困的折磨，不如说是琐碎的诱惑。要想人生轻松快乐，就应该抑制自己对钱财的太多欲求，抵挡住诱惑。